Ulrich Harbrücker

# *Einführung in die Betriebswirtschaftslehre*

2. Auflage 2008

**ISBN 978-3-86724-160-1**
2. Auflage 2008



**Bezug möglich direkt vom Verlag**
Niederle Media
48341 Altenberge
Fax (02505) 93 98 99
E-Mail: info@niederle-media.de
www.niederle-media.de



Druck:
TOPOLgraf SA

# ▶ Inhalt

## ▶ Einführung in die Betriebswirtschaftslehre

## ▶ Vorwort

Dieses Skript ist gedacht als Einführung in die Grundlagen der Betriebswirtschaftslehre. Es beantwortet auf anschauliche Weise die Frage, mit welchen Themen sich die Betriebswirtschaftslehre eigentlich befasst und soll einen kleinen Ausblick auf das geben, was den BWL-Studenten bzw. die BWL-Studentin in seinem bzw. ihrem Studium erwartet. Zudem ist es ideal, um kurz vor der Prüfung die wichtigsten Grundlagen zu wiederholen.

Der Name **Niederle Media** steht für Skripten, die zu einem großen Teil von Autoren mit mehrjähriger Lehr-Erfahrung als Hochschullehrer oder AG-Leiter verfasst wurden und die

- klausurrelevante Themen *kompakt* darstellen,
- meist in 1-2 Tagen und demnach *zeitsparend* durchgearbeitet werden können,
- so *verständlich* sind, dass auch Anfänger damit regelmäßig auf Anhieb klarkommen,
- *Fallbeispiele, Übersichten* und *Schemata* enthalten,
- sehr *erschwinglich* sind (ab 6,60 Euro).

Aufgrund dieser Eigenschaften sind unsere Skripten hervorragend geeignet für den ersten, unkomplizierten Einstieg in die Materie oder für eine schnelle Wiederholung kurz vor der Prüfung. Dafür drücke ich schon jetzt ganz fest die Daumen,

*Jan Niederle*

# 1 Grundlagen und Rahmenbedingungen der Betriebswirtschaftslehre (BWL)

## 1.1 Entwicklung und Gegenstand der BWL

Die Betriebswirtschaftslehre als systematische Wissenschaft ist eine relativ **junge Disziplin**. Erst seit Anfang des 20. Jahrhunderts liegen systematische, methodische Aussagen zu betriebswirtschaftlichen Problemen vor. Die Wurzeln der Betriebswirtschaftslehre (BWL) reichen allerdings viel weiter zurück, erste Ansätze kaufmännischen Denkens lassen sich bereits ab 3000 v. Chr. in Form von Buchhaltungsunterlagen auf Tontafeln finden.

Die **Nationalökonomie** mit bedeutenden Vertretern wie *Adam Smith*, *David Ricardo*, *Léon Walras*, *Vilfredo Pareto* war schließlich in etwa ab dem 18. Jahrhundert der Nährboden, aus dem die BWL sich entwickelte. Auch sind bereits im 18. Jahrhundert Ansätze zur Entwicklung einer »Handlungswissenschaft« vorhanden. *Carl Günther Ludovici*, Professor in Leipzig, veröffentlichte damals ein fünfbändiges Lexikon für Kaufleute.

Zu den Wegbereitern der modernen BWL im 20. Jahrhundert zählen vor allem *Eugen Schmalenbach*, *Wilhelm Rieger*, *Heinrich Nicklisch*, *Konrad Mellerowicz* und *Erich Gutenberg*.

***Eugen Schmalenbach*** (1873–1955) schwebte die BWL als »**Kunstlehre**« (i.S. von »Können«), nicht als Wissenschaft vor. Im Mittelpunkt sollte die Produktion praktisch verwertbaren Wissens stehen (z.B. Verfahrensregeln). Als sein Hauptwerk gilt die »Dynamische Bilanz«. *Schmalenbach* war auch der **Namensgeber** des Faches »Betriebswirtschaftslehre«. Auseinandersetzungen Schmalenbachs mit Nationalökonomen über Kunstlehre und Wissenschaft führten zum sogenannten »**ersten Methodenstreit**«.

***Wilhelm Riegers*** (1878–1971) Hauptwerk heißt »Einführung in die Privatwirtschaftslehre«. *Rieger* konzipierte die BWL als **theoretische Wissenschaft** und postulierte die Wertfreiheit. Gegenstand der BWL sollten insbesondere Unternehmen mit Gewinnerzielungsabsicht sein. Zwischen *Schmalenbach* und *Rieger* entstand daraufhin der »**zweite Methodenstreit**« der BWL.

***Heinrich Nicklisch*** (1876–1946) wollte **Normen** im Sinne von Verhaltensvorschriften für ein ethisches Verhalten in die BWL mit einbringen. Sein Hauptwerk lautet »Die Betriebswirtschaft«.

***Erich Gutenberg*** (1897–1984) entwickelte eine in sich geschlossene Theorie der BWL auf hohem Abstraktionsniveau. Er lehnte die von *Schmalenbach* vorgeschlagenen Verfahrensregeln für die Praxis ab. Sein Hauptwerk, das die BWL nachhaltig beeinflusst hat, die »Grundlagen der Betriebswirtschaftslehre«, besteht aus drei Teilen: Band 1: Die Produktion (1951), Band 2: Der Absatz (1955), Band 3: Die Finanzen (1968). Mit dem Erscheinen des Werkes „Die Produktion" wurde die Vormachtstellung des von *Schmalenbach* beeinflussten Rechnungswesens in der BWL durchbrochen.

*Gutenbergs* Werk regte jedoch weitere, z.T. hitzige, Diskussionen an. So wurde z.B. mit ***Konrad Mellerowicz*** (1891–1984), der das Postulat einer eher angewandten BWL erhob, der Methodenstreit fortgeführt.

Inzwischen haben sich zahlreiche Ansätze und Denkschulen in der BWL herausgebildet, eine Pluralität ist in Forschung und Lehre festzustellen. Die moderne BWL ist durch **viele** maßgebliche Ansätze und Leitbilder geprägt (siehe Abb.1 auf S. 5).

Neuere Forschungsansätze der BWL konzentrieren sich u.a. auf die Bereiche Verfügungsrechte, Transaktionskosten und Delegationsbeziehungen. So beleuchtet beispielsweise die Theorie der **Verfügungsrechte** (Property-Rights-Theorie; auf *R.H. Coase*, *A.A. Alchian*, *H. Demsetz* zurückgehend) den Einfluss rechtlicher und institutioneller Rahmenbedingungen auf das Verhalten von Wirtschaftssubjekten. Die **Transaktionskostentheorie** (*O.E. Williamson*) untersucht die Kosten der Koordination von ökonomischen Aktivitäten. Die **Agency-Theorie** (auch als Prinzipal-Agent-Theorie bezeichnet) analysiert Auftraggeber (Prinzipal)-Auftragnehmer (Agent)-Beziehungen und lässt sich im Kern auch auf *R. H. Coase* zurückführen. Untersucht werden z.B. Beziehungen zwischen Eigentümern und Managern.

| Bezeichnung des Ansatzes | Hauptvertreter | Leitidee |
|---|---|---|
| Faktortheoretischer Ansatz | Gutenberg | Optimale Kombination der Produktionsfaktoren |
| Entscheidungs-theoretischer Ansatz | Heinen | Optimale Vorbereitung von konstitutiven und laufenden Entscheidungen |
| Systemansatz | Ulrich | Denken in kybernetischen Systemzusammenhängen |
| Verhaltensansatz | Schanz | Sozialwissenschaftliche Öffnung der Betriebswirtschaft |
| Situativer Ansatz | Kieser/Kubicek | Kontextfaktoren als Determinanten des Erfolges |
| Marketingansatz | Meffert/Nieschlag | Steuerung des Unternehmens vom Markt her |
| Ökologieansatz | Pfriem | Ökologisches Wirtschaften |
| Evolutionsansatz | Kirsch | Prozessorientierung |

Abb. 1: Ansätze in der BWL (in Anlehnung an Schneck, Ottmar, Betriebswirtschaftslehre, 2. Aufl., Frankfurt/Main 1999, S. 129)

Die Betriebswirtschaftslehre als wirtschaftswissenschaftliche Einzeldisziplin lässt sich in den Bereich »**Allgemeine Betriebswirtschaftslehre**« (ABWL) und die »**Speziellen Betriebswirtschaftslehren**« (SBWL) unterteilen. Während im Rahmen der **ABWL** Fragestellungen im Vordergrund stehen, die in **allen** Betriebsarten in gleicher oder ähnlicher Art auftreten, wenden sich die Teilgebiete der **SBWL** Teilbereichen mit **spezifischen** Problemstellungen zu:

**Spezielle Betriebswirtschaftslehre**

| Funktionslehren: | Institutionenlehren: |
|---|---|
| ➢ Organisationswirtschaft<br>➢ Personalwirtschaft<br>➢ Finanzwirtschaft<br>➢ Beschaffungswirtschaft<br>➢ Produktionswirtschaft<br>➢ Absatzwirtschaft (Marketing)<br>➢ Informationswirtschaft | ➢ Industriebetriebslehre<br>➢ Handelsbetriebslehre<br>➢ Bankbetriebslehre<br>➢ Versicherungsbetriebslehre<br>➢ Verkehrsbetriebslehre |

Abb. 2: Funktions- und Institutionenlehren in der BWL

Die BWL gehört zu den **Realwissenschaften**, d. h. zu den Wissenschaften, die sich mit in der Wirklichkeit vorkommenden Tatsachen und Problemen befassen. Im Gegensatz zur **Volkswirtschaftslehre**, die **gesamtwirtschaftliche** Zusammenhänge behandelt, beschäftigt sich die BWL mit Vorgängen und Problemen **einzelner** Betriebe.

## 1.2 Betriebe und betriebliche Produktionsfaktoren

Der Begriff »Betrieb« ist in der BWL – wie viele andere Sachverhalte auch – nicht immer eindeutig definiert. Hier soll unter **Betrieb** eine ökonomische, technische, soziale und umweltbezogene Einheit verstanden werden, die selbstständige Entscheidungen trifft und eigene Risiken aufweist. In dieser Sichtweise ist »Betrieb« der Überbegriff für Unternehmen und Haushalte:

**Betriebe**

| **Unternehmen:** Betriebe der Fremdbedarfsdeckung | **Haushalte:** Betriebe der Eigenbedarfsdeckung |
|---|---|

Abb. 3: Unternehmen und Haushalte

Im Einzelnen lassen sich folgende **Arten von Betrieben** unterscheiden:

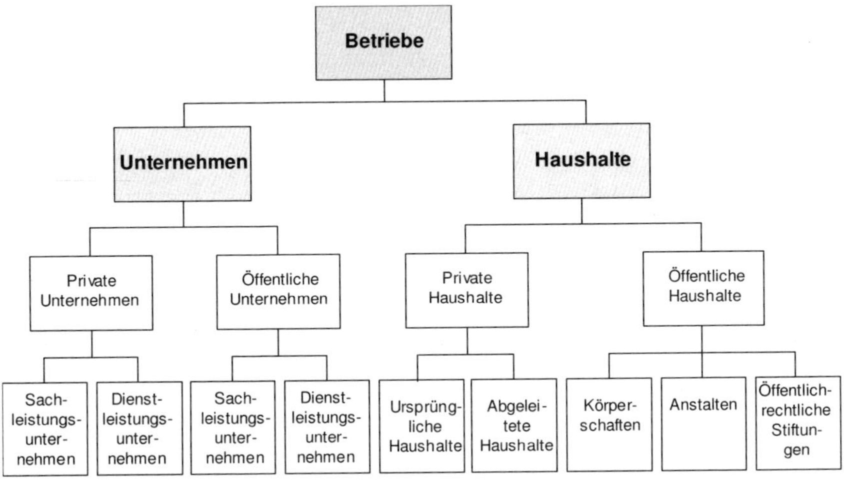


Abb. 4: Arten von Betrieben

Bei privaten Unternehmen sind die Anteilseigner Privatpersonen bzw. private Gesellschaften; öffentliche Unternehmen sind überwiegend oder ganz in öffentlicher Hand (Bund, Länder, Gemeinden). Als **Sachleistungen** bzw. **materielle Realgüter** bezeichnet man körperliche Güter. **Dienstleistungen** (**immaterielle** Realgüter) dagegen sind unkörperlich (z.B. Informationen, Arbeitstätigkeiten). Analog zum Bereich der Unternehmen lassen sich private und öffentliche Haushalte unterscheiden. Private Haushalte decken individuell überwiegend **eigene** Bedarfe. Zu den privaten Haushalten zählen ursprüngliche (Großfamilien-/Kleinfamilien-/ Einzelpersonenhaushalte) und abgeleitete Haushalte (z.B. Sportvereine, Verbraucherverbände, private Schulen). Körperschaften, Anstalten und öffentlich-rechtliche Stiftungen bilden die Gruppe der öffentlichen Haushalte, deren Aufgabenstellungen aus den privaten Haushalten abgeleitet sind (z.B. Bildung, Ordnung, Altersvorsorge).

Die zweite Komponente - neben dem »Betrieb« - im Begriff »Betriebswirtschaft« betrifft das »Wirtschaften«. Unter **Wirtschaften** soll hier das **Entscheiden über knappe Güter** verstanden werden.

Grundsätzlich ist ein **Gut** jedes Mittel zur Befriedigung menschlicher Bedürfnisse. Bezüglich der verfügbaren Menge sind **freie** und **wirtschaftliche** Güter zu unterscheiden. Freie Güter sind in überreichlichen Mengen vorhanden (z. B. Luft, Sonnenlicht). Demgegenüber sind Wirtschaftsgüter neben ihrer Nutzenstiftung durch Knappheit gekennzeichnet; hieraus resultiert deren Wert, der in Geld zum Ausdruck kommt, das man aufbringen muss, um sie zu erlangen. Wirtschaftsgüter, die zur Produktion anderer Wirtschaftsgüter eingesetzt werden, bezeichnet man als **Produktionsfaktoren**. In Anlehnung an Gutenberg lassen sich die betrieblichen Produktionsfaktoren wie folgt systematisieren:

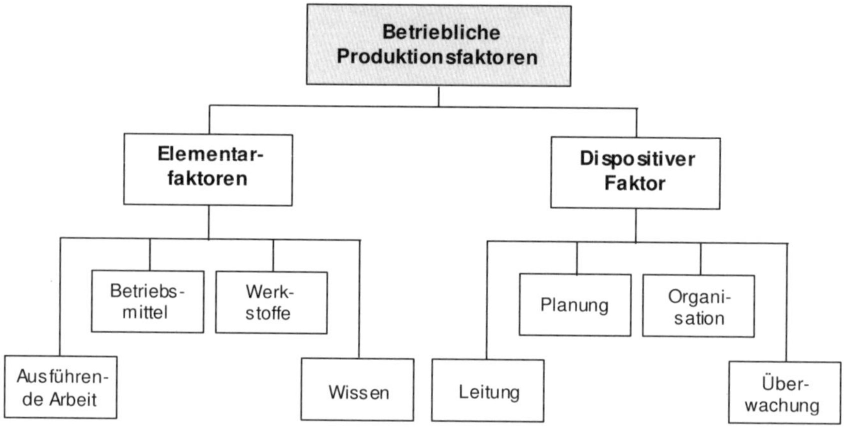


Abb. 5: Betriebliche Produktionsfaktoren, um den Elementarfaktor Wissen erweitert (in Anlehnung an Jehle, Egon; Müller, Klaus; Michael, Horst, Produktionswirtschaft, 5. Aufl., Heidelberg 1999, S. 1)

Zu den **Elementarfaktoren** zählen die ausführende (objektbezogene) Arbeit, die Betriebsmittel, die Werkstoffe und auch das Wissen. **Ausführende Arbeit** meint diejenigen Tätigkeiten, die unmittelbar mit der Leistungsverwertung in Zusammenhang stehen, also nicht dispositiven Charakters sind. Zu den **Betriebsmitteln** zählt die gesamte technische Apparatur, die im Betrieb zur Leistungserstellung benötigt wird (z. B. Anlagen, Maschinen, Gebäude etc.). Der Begriff der **Werkstoffe** umfasst alle Güter, aus denen durch Umformung, Substanzänderung oder Einbau neue Produkte im betrieblichen Leistungserstellungsprozess erzeugt werden.

Hierzu zählen **Rohstoffe** (gehen als Hauptbestandteil ins Produkt ein), **Hilfsstoffe** (wert- und/oder mengenmäßig geringer Anteil am Produkt), **Betriebsstoffe** (gehen nicht ins Produkt ein, werden zur Produktion benötigt, z. B. Schmiermittel).

Der **dispositive Faktor** wird benötigt, um den Einsatz der Elementarfaktoren zu koordinieren. Damit ist demzufolge die **Führung des Betriebes** gemeint, die die Kombination der menschlichen Arbeitskraft mit den Betriebsmitteln und Werkstoffen plant, organisiert und kontrolliert.

Neben dieser Klassifizierung lassen sich Güter auch in Real- und Nominalgüter einteilen. **Realgüter** unterteilt man nochmals in **materielle** (gegenständliche, z. B. Sachmittel und Stoffe) und **immaterielle** (unkörperliche, z. B. Arbeitsleistungen) Realgüter. **Nominalgüter** sind Geld und Ansprüche auf Geld (z. B. Schecks).

## 1.3 Wirtschaften als Gegenstand der BWL

Die Leitidee des Handelns in Betrieben besteht darin, so zu wirtschaften, dass mit den vorhandenen knappen Gütern optimale Ausprägungen der gesteckten Ziele erreicht werden. Man bezeichnet diese Leitidee auch als **Ergiebigkeitsprinzip**, **Wirtschaftlichkeitsprinzip** oder **ökonomisches Prinzip**. Häufig wird das Ergiebigkeitsprinzip wie folgt interpretiert:

- mit einem gegebenen Aufwand an Produktionsfaktoren soll ein größtmöglicher Ertrag an Gütern erzielt werden: **Maximum-** oder **Maximalprinzip**;
- ein gegebener Gütertrag soll mit einem möglichst geringen Einsatz an Produktionsfaktoren erreicht werden: **Minimum-** oder **Minimalprinzip**.

In diesem Zusammenhang ist darauf hinzuweisen, dass die Kombination beider Ausprägungen (»maximaler Ertrag mit minimalem Gütereinsatz«) **keine** lösbare Zielvorgabe darstellt.

Das ökonomische Prinzip lässt weitere Aspekte erkennen, die in der BWL häufig in Form von **Kennzahlen** eingesetzt werden:

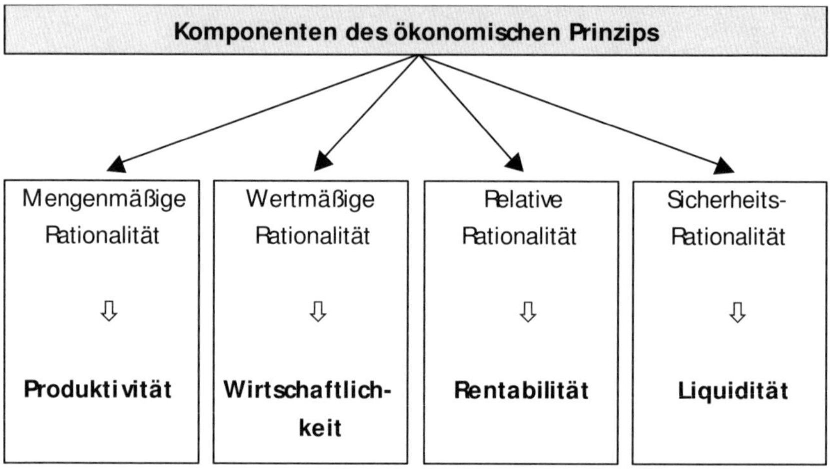


Abb. 6: Komponenten des ökonomischen Prinzips

Bei der **Produktivität** steht die **mengenmäßige** Komponente im Vordergrund, sie wird mit dem Verhältnis von Output (Gütererstellung) zu Input (Gütereinsatz) angegeben. **Wirtschaftlichkeit** bezieht sich nicht nur auf reine Stückzahlen, sondern **bewertet** diese auch: Verhältnis Wert Output zu Wert Input. Diese Kennzahl hat mehrere Ausprägungen und wird z. B. durch die Verhältnisse Leistung zu Kosten, Ertrag zu Aufwand oder auch Istkosten zu Sollkosten definiert. Ist der Wert des Outputs kleiner als der des Inputs, hat man unwirtschaftlich agiert. Im Rahmen der Betrachtungen von **Rentabilität** setzt man **Gewinn** und **Kapitaleinsatz** zueinander ins Verhältnis. Auch davon existieren zahlreiche Varianten, z. B. Gewinn geteilt durch Eigenkapital (**Eigenkapitalrentabilität**) oder Gewinn im Verhältnis zu Umsatz (**Umsatzrentabilität**). Die **Liquidität** schließlich bezeichnet die Fähigkeit eines Unternehmens, **termingenau** den fälligen **Zahlungsverpflichtungen** nachkommen zu können. Zur Messung der Liquidität werden häufig folgende Kennzahlen eingesetzt: Liquidität 1. Grades (auch Barliquidität): Barmittel im Verhältnis zu kurzfristigen Verbindlichkeiten; Liquidität 2. Grades: Barmittel und Forderungen im Verhältnis zu kurzfristigen Verbindlichkeiten; Liquidität 3. Grades: Barmittel und Forderungen und Vorräte zu kurzfristigen Verbindlichkeiten.

## 1.4 Rahmenbedingungen des Wirtschaftens

Die Umwelt eines Unternehmens kann grob in zwei Bereiche unterteilt werden:

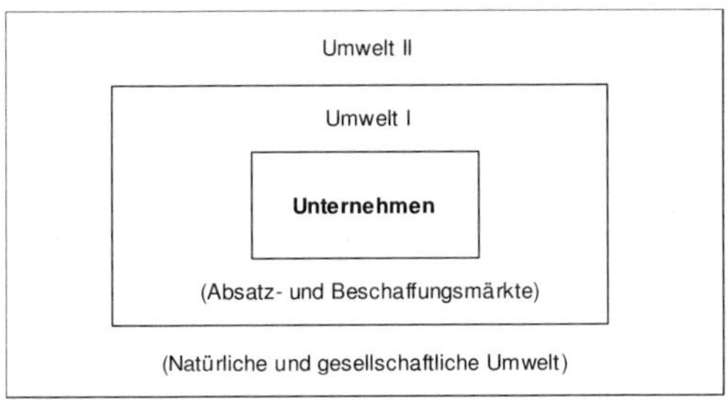


Abb. 7: Umwelt I und II von Unternehmen (in Anlehnung an Raffée, Hans: Marketing und Umwelt, Stuttgart 1979, S. 5)

Das Unternehmen ist direkt eingebettet in die **Absatz- und Beschaffungsmärkte** und steht mit diesen in vielfältigen Austauschbeziehungen:

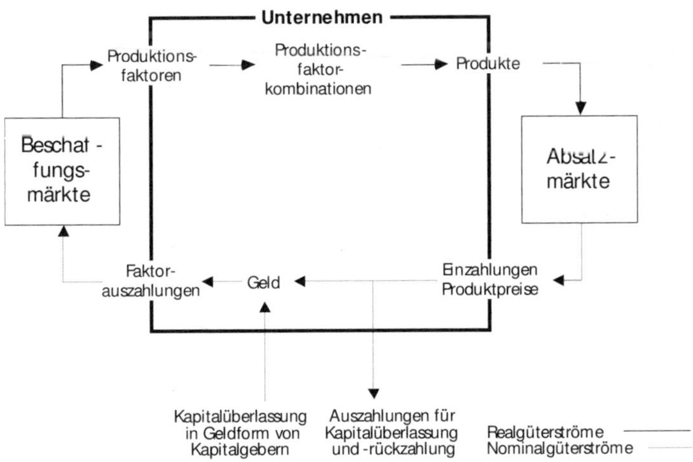


Abb. 8: Güterkreislaufprozesse in einem Unternehmen (Abb. in Anlehnung an Farny, Dieter, Versicherungsbetriebslehre, 4. Aufl., Karlsruhe 2006, S. 170)

Der Kreislauf soll beginnend mit der Kapitalüberlassung erläutert werden. In dieser Phase überlassen Kapitalgeber dem Unternehmen die Nutzung von Kapital, das überwiegend in Geldform eingezahlt wird (Nominalgüterstrom; z. B. eingezahltes Eigenkapital oder Kredite). Das Unternehmen beschafft daraufhin auf Beschaffungsmärkten reale Produktionsfaktoren. Die für diese zu zahlenden Preise sind die Faktorauszahlungen. Daraufhin fließen reale Produktionsfaktoren von den Lieferanten ins Unternehmen (Realgüterstrom) und werden dort in einem Produktionsprozess (Transformationsprozess) kombiniert; es entstehen neue (Fertig-)Produkte, die auf dem Absatzmarkt abgesetzt werden (Realgüterstrom). Die beim Absatz erzielten Preise fließen als Einzahlungen zurück ins Unternehmen (Nominalgüterstrom) und stehen dort entweder den Kapitalgebern als Vergütung für die Kapitalüberlassung zur Verfügung (z. B. Dividenden oder Zinsen) oder fließen erneut in den Kreislauf.

Über die Märkte hinaus ist jedes Unternehmen eingebettet in eine **natürliche** und **gesellschaftliche** Umwelt. Zu nennen ist in diesem Zusammenhang z. B. die **Wirtschaftsordnung** einer Volkswirtschaft. Das wirtschaftliche Umfeld der Unternehmen in der Bundesrepublik Deutschland ist durch das Konzept der **sozialen Marktwirtschaft** gekennzeichnet, eine Kombination aus Marktwirtschaft einerseits und dem Prinzip des sozialen Ausgleichs andererseits. Diesem Konzept gegenüber steht – allerdings in immer weniger Ländern – die **zentral gelenkte Wirtschaft**, die von Sozialismus und Kommunismus propagiert wird:

| Wirtschaftsordnungen / Kennzeichen | Marktwirtschaft | Zentral gelenkte Wirtschaft |
|---|---|---|
| **Politische Grundlage** | Liberalismus | Sozialismus |
| **Organisatorische Merkmale** | | |
| 1. Planung | dezentral | zentral |
| 2. Koordination | Markt | Wirtschaftsplan |
| 3. Motivation | Gewinn | Prämie |
| 4. Eigentum | Privateigentum | Kollektiveigentum |

Abb. 9: Marktwirtschaft und zentral gelenkte Wirtschaft (vgl. Bea, Franz Xaver; Friedl, Birgit; Schweitzer, Marcell: Allgemeine Betriebswirtschaftslehre, Bd. 1, 9. Aufl., Stuttgart 2004, S. 166)

Weitere wichtige Rahmenbedingungen stellen u. a. die **Rechtsordnung** (öffentliches Recht und Privatrecht) und das **Steuersystem** dar. Das **öffentliche Recht** – wozu insbesondere das Staatsrecht, das Verfassungsrecht, das Verwaltungsrecht, das Strafrecht, das Steuerrecht und das Prozessrecht zählen – regelt das hoheitliche Handeln des Staates. Im **Privatrecht** werden die Rechtsverhältnisse der Individuen untereinander geregelt. Wichtige Teilgebiete sind hier das **Bürgerliche Recht** (BGB) und das **Handelsrecht** (HGB). Als eigenes Rechtsgebiet mit Elementen aus Privatrecht und öffentlichem Recht hat sich u. a. das Wirtschaftsrecht herausgebildet. Wesentlicher Bestandteil des Wirtschaftsrechts und von besonderem Interesse für Unternehmen ist das **Wettbewerbsrecht**, das u. a. im Gesetz gegen den unlauteren Wettbewerb (UWG) und im Gesetz gegen Wettbewerbsbeschränkungen (GWB, auch als Kartellgesetz bezeichnet) niedergelegt ist.

Von großer Bedeutung für Unternehmen ist ferner das **Steuersystem**, da zur Umwelt von Unternehmen auch der Staat zählt und an diesen zahlreiche öffentlich-rechtliche Abgaben zu leisten sind:

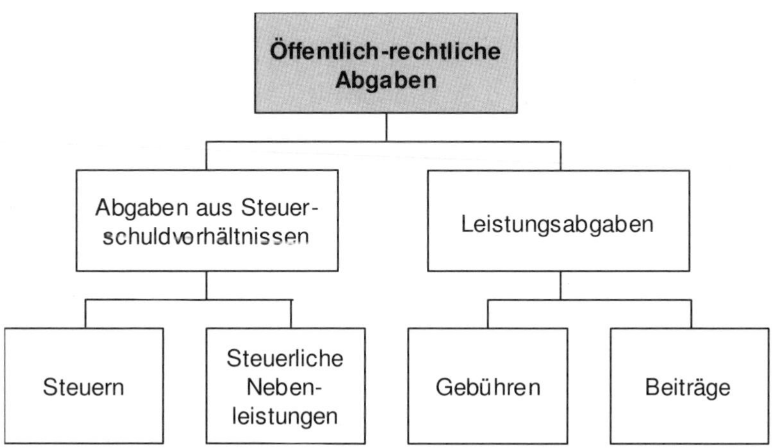


Abb. 10: Öffentlich-rechtliche Abgaben (vgl. Bea, Franz Xaver; Friedl, Birgit; Schweitzer, Marcell: Allgemeine Betriebswirtschaftslehre, Bd. 1, 9. Aufl., Stuttgart 2004, S. 180)

Nach § 3 (1) der Abgabenordnung (AO) sind **Steuern** „Geldleistungen, die nicht eine Gegenleistung für eine besondere Leistung darstellen und von einem öffentlich-rechtlichen Gemeinwesen zur Erzielung von Einnahmen allen auferlegt werden, bei denen der Tatbestand zutrifft, an den das Gesetz die Leistungspflicht knüpft....“. Ebenfalls in der Abgabenordnung (§ 3 Abs. 4 AO) werden die **steuerlichen Nebenleistungen** aufgezählt: Verspätungszuschläge, Zinsen, Säumniszuschläge, Zwangsgelder und Kosten sowie Zinsen im Sinne des Zollkodexes. **Gebühren** gelten besondere Verwaltungsleistungen ab (z. B. Gebühren für Baugenehmigungen). **Beiträge** fallen für das Bestehen öffentlicher Einrichtungen bzw. die Möglichkeit deren Inanspruchnahme an (z. B. Erschließungsbeiträge der Grundstückseigentümer). Betrieblich relevante Steuern lassen sich nach verschiedenen Kriterien systematisieren. Im Hinblick auf den betrieblichen Gegenstand der Steuern ergibt sich folgende Einteilung:

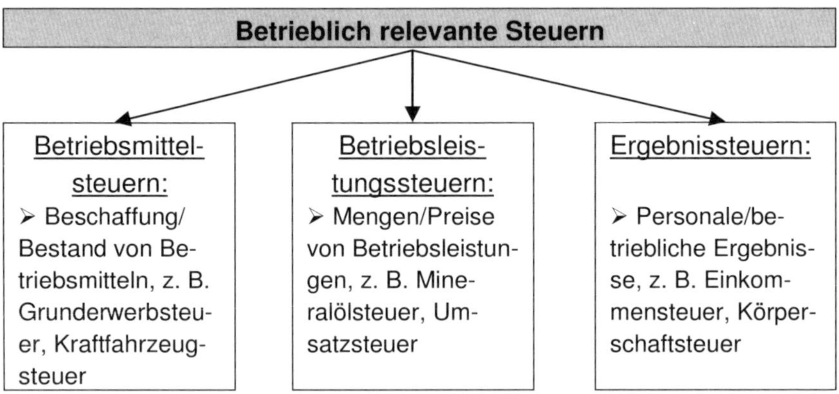


Abb. 11: Betrieblich relevante Steuern (in Anlehnung an Bea, Franz Xaver; Friedl, Birgit; Schweitzer, Marcell: Allgemeine Betriebswirtschaftslehre, Bd. 1, 9. Aufl., Stuttgart 2004, S. 186)

Darüber hinaus wird die Entwicklung einzelner Unternehmen auch von den gesamtwirtschaftlichen Rahmenbedingungen, z. B. der konjunkturellen Entwicklung, maßgeblich beeinflusst.

Die nachfolgende Abbildung zeigt die Entwicklung des deutschen **Bruttonationaleinkommens**, das die Leistungskraft der Volkswirtschaft widerspiegelt (früher als Bruttosozialprodukt bezeichnet). Festzustellen ist ein relativ konstantes Wachstum in den Jahren 1970 – 1990. Der starke Sprung im Jahr 1991 ist vereinigungsbedingt. Auffallend ist außerdem die Stagnation seit dem Jahr 2000:

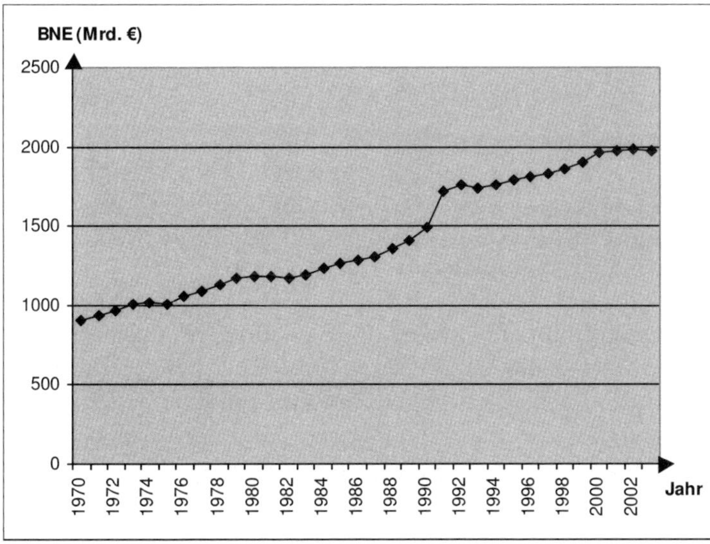


Abb. 12: Entwicklung des deutschen Bruttonationaleinkommens von 1970 bis 2003 (in Preisen von 1995; bis 1990 früheres Bundesgebiet, ab 1991 Deutschland; Quelle der Daten: Statistisches Bundesamt)

## 1.5 Ziele und Entscheidungen in Unternehmen

### 1.5.1 Ziele

**Entscheiden** bedeutet, aus mehreren Handlungsalternativen diejenige auszuwählen, die am besten zur Zielerfüllung beiträgt. Eine besondere Bedeutung kommt daher den Zielen zu. Ein **Ziel** beschreibt einen **angestrebten, wünschenswerten Zustand**. Zielvorstellungen in der BWL können monetären oder nicht-monetären Charakter besitzen:

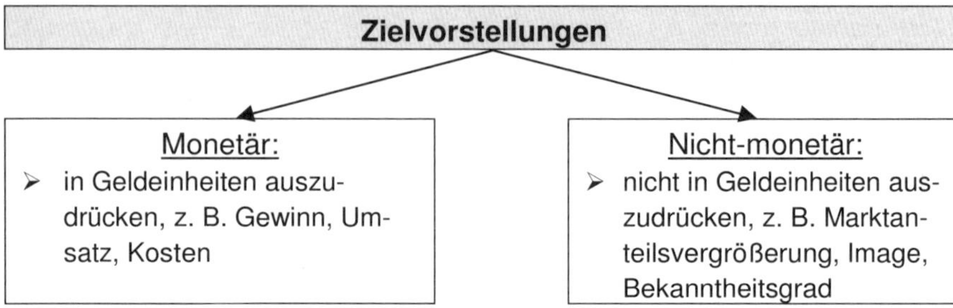


Abb. 13: Zielvorstellungen

Ein Ziel ist vollständig beschrieben, wenn die Zieldimensionen **Zielinhalt** (was wird angestrebt?), **Zielausmaß** (wie viel wird angestrebt?) und **zeitlicher Bezug** (wann soll das Ziel erreicht werden?) festgelegt sind. Nach der Rangordnung von Zielen lassen sich **Ober-**, **Zwischen-** und **Unterziele** unterscheiden.

Ziele können in unterschiedlichen Beziehungen zueinander stehen: **komplementäre Ziele** begünstigen sich gegenseitig, **konkurrierende Ziele** behindern sich (Extremfall: **Zielantinomie**, d. h. Ziele schließen sich gegenseitig aus). Sind Ziele völlig unabhängig voneinander (neutral), dann spricht man von **Zielindifferenz**:

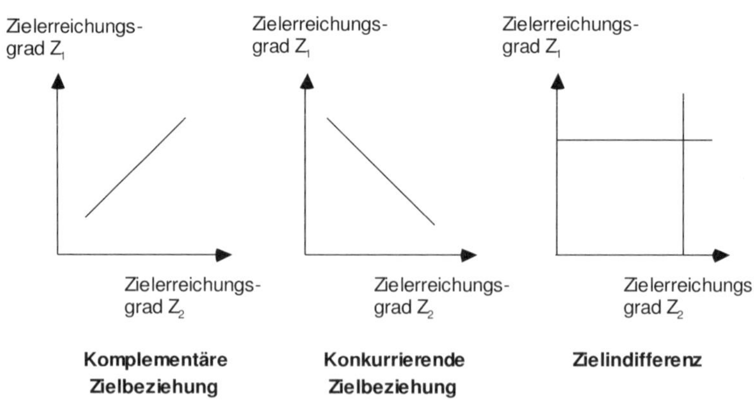


Abb. 14: Zielbeziehungen

Eine weitere wichtige Einteilung von Zielen ist die in Formal- und Sachziele. **Formalziele** sind abstrakt, lassen Raum für unterschiedliche Konkretisierungen der Zielerreichung (z. B. Gewinnmaximierung, Kostensenkung, Erhöhung der Eigenkapitalrentabilität). **Sachziele** beziehen sich auf konkrete Handlungen (z. B. Verbesserung der Produktqualität, Erhöhung der Produktionsstückzahl).

Betrachtet man Zielsysteme in der unternehmerischen Praxis, ist dort eine Vielzahl von Zielen zu erkennen. Die obersten Ziele von Unternehmen kommen in der **Unternehmensphilosophie** (Vorstellungen von Werten und Grundsätzen des Unternehmens) zum Ausdruck und werden häufig in den **Unternehmensleitlinien** bzw. dem **Unternehmensleitbild** fixiert. Beispielhaft die Deutsche Lufthansa AG:

| Leitbild der Deutschen Lufthansa AG |
|---|
| Wir sind ein Dienstleistungsunternehmen. Wir sind das deutsche Luftfahrtunternehmen, das innerdeutsche und internationale Liniendienste anbietet. Wir befördern Menschen und Güter mit höchstmöglicher Sicherheit, Regelmäßigkeit und Pünktlichkeit. Wir richten unser Angebot auf die Bedürfnisse der deutschen Wirtschaft aus. Wir arbeiten nach wissenschaftlichen Gesichtspunkten. Es ist unser Ziel, zu den besten Airlines der Welt zu gehören aufgrund unserer fliegerischen Kompetenz, unserer technischen Präzision und unserer Dienstleistungsbereitschaft. Wir bieten unseren Kunden, und zwar insbesondere den Geschäftsreisenden, den besten Service, am Boden und in der Luft. Es ist unser Ziel, den Mitarbeitern soziale Sicherheit zu geben. Es ist unser Ziel, für den Kapitalgeber einen angemessenen Gewinn zu erwirtschaften. Wir sind zuverlässige, berechenbare Partner. Wir machen unsere Haltung durch unser Auftreten sichtbar. Wir demonstrieren unsere Zuverlässigkeit durch die Qualität und Kontinuität unseres Produktes und unseres Erscheinungsbildes. |

Abb. 15: Unternehmensleitbild der Deutschen Lufthansa AG (Quelle: Schneck, Ottmar, Betriebswirtschaftslehre, 2. Aufl., Frankfurt/Main 1999, S. 59)

Während die Unternehmensphilosophie den Charakter einer Absichtserklärung hat, stellt die **Unternehmenskultur** demgegenüber die **tatsächlich vorhandenen** Werte, Grundsätze und Handlungen dar, spiegelt also die **Wirklichkeit** wider.

### 1.5.2 Entscheidungsbildung und -durchsetzung

Entscheidungen zur Zielrealisierung werden in der BWL häufig auch als eine Phase im Rahmen des Managementprozesses dargestellt. Zum Teil geschieht dies in Form des sog. **Management-Kreises**:

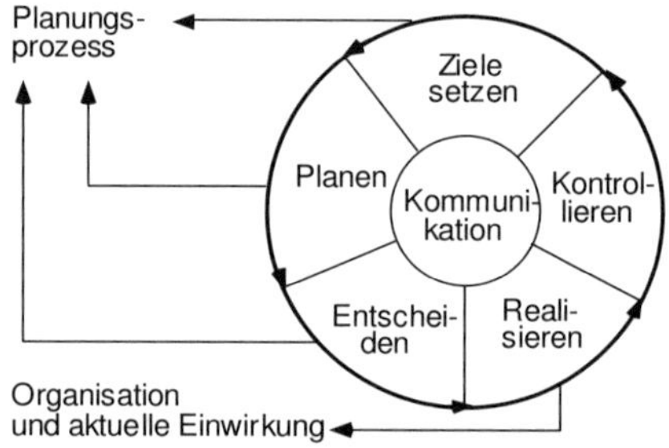


Abb. 16: Management-Kreis (vgl. Wöhe, Günter; Döring, Ulrich, Einführung in die ABWL, 21. Aufl., München 2002, S. 86)

Den **Ablauf** einer Entscheidungssituation kann man grob in die Phasen **Entscheidungsbildung** und **Entscheidungsdurchsetzung** einteilen, die jeweils noch feiner differenziert werden können, was den **Prozesscharakter** betrieblicher Entscheidungen verdeutlicht (vgl. Abb. 17).

Die BWL beschäftigt sich im Rahmen der **Entscheidungstheorie** systematisch mit Entscheidungsproblemen und deren Lösung. Zahlreiche Entscheidungsmodelle wurden entwickelt, die das aus möglichen Umweltzuständen, Handlungsalternativen und Zielen bestehende Entscheidungsproblem abbilden und es sinnvollen Lösungen zuführen sollen. Sowohl für den Fall sicherer Zukunftserwartungen als auch für ungewisse zukünftige Erwartungen existieren spezielle Modelle.

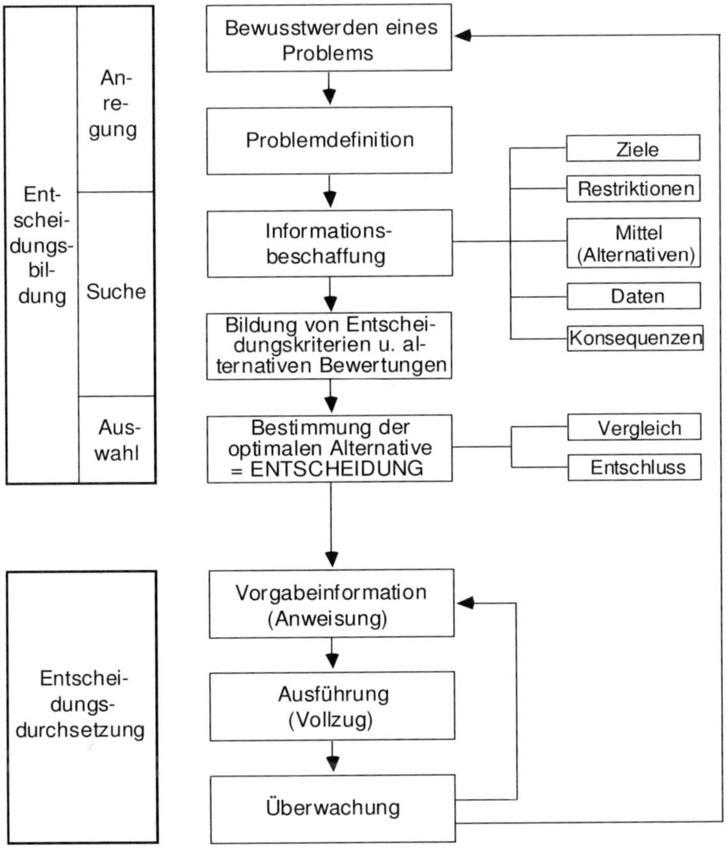


Abb. 17: Entscheidungsablauf (vgl. Sellien, Reinhold (Hrsg.), Gablers Wirtschaftslexikon, Bd. 2., 10. Aufl., Wiesbaden 1980, Sp. 1263-1264)

Um die Grundstruktur eines Entscheidungsmodelles an einem einfachen Modell darzustellen, wird hier die **Nutzwertanalyse** (auch Scoring-Modell) vorgestellt. Diese Modellstruktur wird häufig eingesetzt und ist in Form von Tests (z. B. Stiftung Warentest, Testberichte in Fachzeitschriften wie u. a. auto motor und sport etc.) auch aus dem täglichen Leben bekannt. Scoring-Modelle verdichten verschiedenartige Informationen zu einer Messzahl. Verschiedene zu beurteilende Sachverhalte werden anhand ausgewählter Kriterien bewertet und diese Werte dann gemäß ihrer Bedeutung für die zugrunde liegende Fragestellung zu einer Kennzahl aggregiert.

| Ziele | $z_1$ | $z_2$ | $z_3$ | Summe der Produkte aus Gewicht und Ergebnis |
|---|---|---|---|---|
| Zielge- wicht g / Alter- nativen | 0,5 | 0,3 | 0,2 | |
| $a_1$ | 26 | 10 | 16 | 19,2 |
| $a_2$ | 26 | 8 | 10 | 17,4 |
| $a_3$ | 2 | 40 | 20 | 17 |

Abb. 18: Scoring-Modell (vgl. Bea, Franz Xaver; Friedl, Birgit; Schweitzer, Marcell: Allgemeine Betriebswirtschaftslehre, Bd. 1, 9. Aufl., Stuttgart 2004, S. 325)

Alternativen ($a_1$, $a_2$, $a_3$ usw.) könnten beispielsweise potenzielle Standorte eines Unternehmens darstellen. Jede Alternative erbringt bezüglich eines Zieles ein bestimmtes Ergebnis (hier fiktive Werte). Als Ziele wären z. B. Nähe zum Absatzmarkt, Rohstoffvorkommen oder spezielle Infrastrukturanforderungen denkbar ($z_1$, $z_2$, $z_3$ usw.). Diese Ziele werden entsprechend den individuellen Anforderungen gewichtet (in diesem Fall mit 0,5 bzw. 0,3 bzw. 0,2). Die Summe der Produkte aus Gewicht und Ergebnis schließlich ergibt eine einzige Kennzahl für jede Alternative, anhand der die Entscheidung getroffen werden kann.

### 1.5.3 Konstitutive und laufende Entscheidungen

Bezüglich der Bedeutung von Entscheidungen im Unternehmen kann unterschieden werden in konstitutive und laufende Entscheidungen (Ablaufentscheidungen). **Konstitutive Entscheidungen** haben grundlegenden Charakter, teilweise werden sie nur einmal im Leben eines Unternehmens getroffen. Dazu zählen Entscheidungen betreffend die Gründung, Sanierung und Liquidation von Unternehmen, Standortentscheidungen, Entscheidungen bezüglich der Rechtsform des Unternehmens und Entscheidungen über Unternehmenszusammenschlüsse. **Laufende Entscheidungen** betreffen die Abwicklung des Leistungsprozesses, z. B. Beschaffungs-, Fertigungs- oder Absatzentscheidungen.

**Gründungsentscheidungen** beziehen sich auf die Errichtung eines neuen Unternehmens, **Sanierungsentscheidungen** sollen ein notleidendes Unternehmen gesunden lassen, d. h. dessen Liquidität und Ertragsfähigkeit wiederherstellen. Durch die **Liquidation** wird die Erwerbstätigkeit eines Unternehmens beendet.

**Standortentscheidungen** legen den geographischen Ort, an dem Produktionsfaktoren zur Leistungserstellung eingesetzt werden, fest. Die Aufgabe von Standortentscheidungen liegt darin, solche Standorte herauszufinden, die den unternehmensindividuellen Anforderungen am besten entsprechen. Unterschiedliche Orte sind dabei jeweils durch bestimmte **Standortfaktoren** gekennzeichnet:

| **Standortfaktoren** | |
|---|---|
| Beschaffungsorientierte Standortfaktoren:<br>➢ Grundstücke<br>➢ Roh-, Hilfs- und Betriebsstoffe<br>➢ Arbeitskräfte<br>➢ Energie<br>➢ Verkehr | Fertigungsorientierte Standortfaktoren:<br>➢ Natürliche Gegebenheiten (z. B. Klima)<br>➢ Technische Bedingungen |
| Absatzorientierte Standortfaktoren:<br>➢ Absatzpotential<br>➢ Verkehr<br>➢ Absatzkontakte (z. B. Messen) | Staatlich festgelegte Standortfaktoren:<br>➢ Wirtschaftsordnung (z.B. Wettbewerbsgesetze)<br>➢ Steuern<br>➢ Grenzüberschreitende Regelungen (z. B. Außenhandelsgesetze)<br>➢ Umweltschutzbestimmungen<br>➢ Staatliche Hilfen (z. B. Existenzgründerdarlehen) |

Abb. 19: Standortfaktoren

Anlässe für **Rechtsformentscheidungen** können in der Gründung, im Rechtsformwechsel und im Zusammenschluss von Unternehmen liegen. Als Rechtsform bezeichnet man dabei die **rechtliche Organisation**, den rechtlichen Rahmen eines Unternehmens. Ein Entscheidungsproblem kann darin begründet liegen, dass einerseits eine Vielzahl verschiedener Rechtsformen in Frage kommen kann, andererseits nur in wenigen Fällen bestimmte Rechtsformen vorgeschrieben sind (vgl. z. B. Versicherungsunternehmen, die nur in den Rechtsformen AG, Versicherungsverein auf Gegenseitigkeit [VVaG], öffentlich-rechtliche Anstalten und Körperschaften betrieben werden dürfen). Die Entscheidung für bzw. gegen eine bestimmte Rechtsform ist von unternehmensexternen Rahmenbedingungen (z. B. HGB [Handelsgesetzbuch], AktG [Aktiengesetz] usw.), unternehmensinternen Rahmenbedingungen (z. B. zur Verfügung stehendes Eigenkapital, Anzahl der Gründer usw.) und den Unternehmenszielen abhängig. Unternehmensspezifische Kriterien der Rechtsformentscheidung können u. a. sein:

**Zielkriterien der Rechtsformentscheidung:**

- Haftung
- Leitungsbefugnis
- Steuerbelastung
- Unternehmenskontinuität
- Finanzierungsmöglichkeiten
- Gewinn- und Verlustbeteiligung
- Rechtsformabhängige Aufwendungen (z. B. Aufwand für Aufsichtsrat)

Abb. 20: Zielkriterien der Rechtsformentscheidung

Man unterscheidet folgende Rechtsformen des Privatrechts:

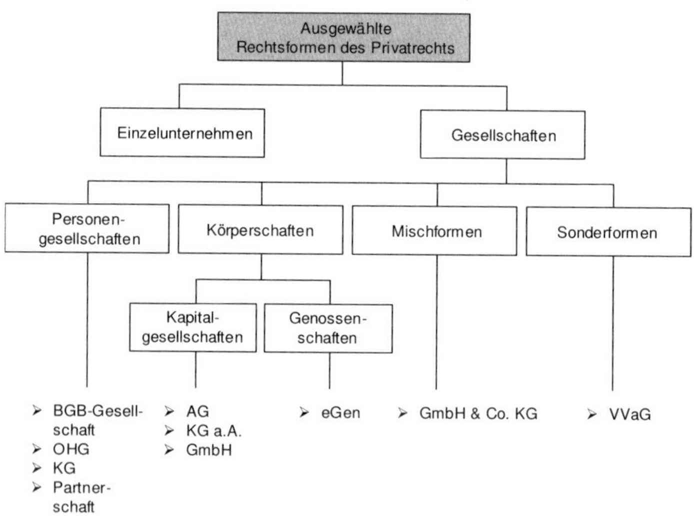


Abb. 21: Rechtsformalternativen

Einige der wichtigeren Rechtsformen sollen kurz vorgestellt werden. **Einzelunternehmen** werden nur von einer Person, dem Einzelkaufmann, betrieben, es gibt keine Gesellschafter. Die Haftung für den Einzelkaufmann ist nicht beschränkt, er haftet mit dem gesamten Geschäfts- und Privatvermögen. Diese Rechtsform kommt vor allem bei einfacher Leitungsstruktur und geringem Kapitalbedarf in Betracht.

Die **BGB-Gesellschaft** als Grundform der Personengesellschaft stellt einen vertraglichen Zusammenschluss zur gemeinschaftlichen Verfolgung eines beliebigen Zwecks (jedoch nicht Handelsgewerbe) dar. Für Verbindlichkeiten der BGB-Gesellschaft haften alle Gesellschafter gesamtschuldnerisch und unbeschränkt. Eine häufige Erscheinungsform in der Praxis ist z.B. die Sozietät (beispielsweise von Steuerberatern) als Zusammenschluss von Freiberuflern. Speziell für die Angehörigen der Freien Berufe wurde 1995 die **Partnerschaft** als rechtsfähige Personengesellschaft (PartGG) eingeführt, um eine Rechtsform zu schaffen, die sich speziell an den Anforderungen dieser Berufsgruppe orientiert.

Die **offene Handelsgesellschaft** (OHG) besteht aus mindestens zwei Gesellschaftern. Die Gesellschafter haften gesamtschuldnerisch unbeschränkt mit ihrem gesamten Vermögen. Die Rechtsform OHG wird tendenziell bei nicht allzu großen Unternehmen gewählt.

Die **Kommanditgesellschaft** (KG) stellt einen Zusammenschluss mehrerer Gesellschafter zum Betrieb eines Handelsgewerbes bei teils beschränkter, teils unbeschränkter Haftung der Gesellschafter dar. Es gibt also zwei Gruppen von Gesellschaftern: die **Komplementäre** haften unbeschränkt und gesamtschuldnerisch mit ihrem gesamten Vermögen, die **Kommanditisten** haften nach Eintragung der Gesellschaft nur in Höhe ihrer Einlage. Die Befugnis zur Geschäftsführung liegt bei dem/n Komplementär/en. Die Rechtsform der KG findet sich auch bei größeren Unternehmen.

Die gängigste Rechtsform ist in Deutschland die **Gesellschaft mit beschränkter Haftung** (GmbH), eine Kapitalgesellschaft zur Verfolgung jedes gesetzlich zulässigen Zwecks. Der Name ist missverständlich, da nicht die Gesellschaft in der Haftung beschränkt wird, sondern die dafür stehenden Gesellschafter.

Gläubigern der GmbH gegenüber haftet das gesamte Gesellschaftsvermögen der GmbH, die Haftung der einzelnen Anteilseigner ist nach der Eintragung ins Handelsregister auf die Höhe der Einlage beschränkt. GmbH-Anteile werden nicht am Kapitalmarkt gehandelt. Das Stammkapital beträgt mindestens 25.000,- €. Organe der GmbH sind Geschäftsführer, Gesellschafterversammlung und - teilweise (freiwillig oder bei größeren GmbHs vorgeschrieben) - ein Beirat bzw. Aufsichtsrat. Diese Rechtsform wird von kleineren, mittleren und größeren Unternehmen gewählt.

Die **GmbH & Co. KG** als eine nicht im Gesetz geregelte Mischform ist eine Kommanditgesellschaft, bei der der voll haftende Gesellschafter (Komplementär) eine GmbH ist. Daneben gibt es die Kommanditisten (in der Haftung beschränkt), die ihrerseits auch Gesellschafter der GmbH sein können. Trotz des Einsatzes der GmbH als vollhaftender Gesellschafter bleibt die Mischform eine Personengesellschaft.

Die **Aktiengesellschaft** (AG) ist eine Kapitalgesellschaft zur Verfolgung jedes gesetzlich zulässigen Zwecks. Sie eignet sich in besonderer Weise zur Aufbringung großer Kapitalbeträge über den anonymen Kapitalmarkt, da das Grundkapital der Gesellschaft in viele Anteile (Aktien) zerlegt ist. Die Anteilseigner haften nur in Höhe ihrer Einlage. Die AG ist die bevorzugte Rechtsform großer Unternehmen mit hohem Kapitalbedarf. Die Mindestkapitalausstattung liegt bei 50.000,- €. Die gesetzlich vorgeschriebenen **Organe** der AG sind **Vorstand** (Unternehmensleitung), **Aufsichtsrat** (Kontrollorgan) und **Hauptversammlung** (der Aktionäre). Die Möglichkeit zur Gründung der sog. »**kleinen AG**« entstand durch Vereinfachung von Vorschriften des Aktiengesetzes, z. B. Herabsetzung der Mindestgründerzahl auf 1 Person, Abbau der Formalitäten bei der Hauptversammlung, erweiterte Freistellung von der Mitbestimmung.

Entscheidungen über **Unternehmenszusammenschlüsse** betreffen die Vereinigung schon bestehender Unternehmen zum Zweck der gemeinsamen Aufgabenerfüllung. Folgende Ziele werden verfolgt:

**Ziele von Unternehmenszusammenschlüssen**

- Förderung von Wachstum
- Vergrößerung des Beschaffungsvolumens
- Fixkostendegression (vgl. economies of scale)
- Steigerung der Angebotsmacht (Absatzmarkt)
- Verbreiterung der Eigenkapitalbasis (Finanzierungsziele)
- Erwerb von Potenzialen (z. B. Personal)
- Steuerliche Vorteile

Abb. 22: Ziele von Unternehmenszusammenschlüssen

Unternehmenszusammenschlüsse kommen in zahlreichen Varianten vor:

**Formen von Unternehmenszusammenschlüssen**

Kooperation:

Zusammenarbeit mehrerer Unternehmen, wobei die wirtschaftliche Selbstständigkeit nur teilweise eingeschränkt ist; hierzu zählen

- Arbeitsgemeinschaft (Konsortium; zeitlich befristet, inhaltlich abgegrenzte Aufgabe)
- Kartell (Marktbeeinflussung durch Wettbewerbs-beschränkung)
- Gemeinschaftsunternehmen (Joint Venture; Risikoteilung durch gemeinsame Neugründung einer Gesellschaft)
- Strategische Allianzen und Netzwerke (z. B. bei Forschung und Entwicklung)
- Franchising (Franchisenehmer nutzt gegen Entgelt best. Leistungen, z. B. Vertriebssystem von McDonald`s)

Integration:

Alle Funktionen werden gemeinsam erfüllt, Unternehmenszusammenschluss unter einheitlicher Leitung; hierzu zählen:

- Konzern (mehrere rechtlich selbstständige Unternehmen unter einheitlicher Leitung; vgl. § 18 AktG)
- Verschmelzung (Fusion; verschmelzende Unternehmen verlieren wirtschaftliche und rechtliche Selbstständigkeit; vgl. § 2 Umwandlungsgesetz [UmwG])

| | |
|---|---|
| ➢ Unternehmensverband (z. B. Steuerberaterverband)<br>➢ Virtuelles Unternehmen (Projektbearbeitung in modernen Kommunikationsinfrastrukturen) | |

Abb. 23: Formen von Unternehmenszusammenschlüssen

## 1.6 Wirtschaft und Ethik

Der Themenbereich Wirtschaft und Ethik bewegt sich in einem Grenzgebiet von Ökonomie, Philosophie und Theologie und findet in letzter Zeit zunehmende Beachtung in der BWL.

Eine der wichtigsten Aufgaben der **Ethik** besteht darin, allgemeine Umrisse einer normativen Theorie zu entwerfen, die zur Lösung von Problemen beiträgt, **was richtig ist oder getan werden sollte**. Eine grundlegende ethische Regel lautet daher: Meide das Böse, tue das Gute.

Ethische Theorien werden unterschieden in teleologische und deontologische Aussagensysteme. Der **teleologische** (gr. telos: Zweck) Bereich bezieht sich auf die **Folgen** von Handlungen, im Zentrum der **deontologischen** (gr. deon: Pflicht) Theorien werden **Handlungen** bzw. Handlungsregeln **selbst** untersucht.

Grundlegende Prinzipien der Ethik sind die Menschenwürde, die Freiheit, die Gerechtigkeit und die Solidarität. Übertragen auf wirtschaftliche Sachverhalte könnte dies bedeuten:

| **Prinzipien** | **Beispiele** |
|---|---|
| GERECHTIGKEIT | ➢ Gestaltung des Austauschs zwischen Unternehmen und Arbeitnehmern bzw. Produzenten und Konsumenten |
| SOLIDARITÄT | ➢ Verhalten der einzelnen und die Arbeitsbedingungen sollen so gestaltet sein, dass Solidarität möglich ist |

| Prinzipien | Beispiele |
|---|---|
| MENSCHENWÜRDE | ➢ Alle Beteiligten sind miteinzubeziehen<br>➢ Arbeitsbedingungen sind unter Berücksichtigung der Empfindungen der Betroffenen zu gestalten<br>➢ Faire Behandlung von Konkurrenz, Konsumenten, Vertragspartnern |
| FREIHEIT | ➢ Möglichkeit zu privatem Eigentum an Produktionsmitteln<br>➢ Gestaltung von Arbeitsbedingungen und Handelsbeziehungen unter Beachtung der Freiheitsrechte aller Beteiligten |

Abb. 24: Ethikprinzipien am Beispiel wirtschaftlicher Sachverhalte

Die Schwerpunkte der wirtschaftsethischen Diskussion liegen in folgenden Bereichen:

**1. Ökonomie und Ökologie:**
- kostenlose Inanspruchnahme der Umwelt (z. B. Luftverschmutzung)
- Abfallbeseitigung (z. B. Atommülllagerung)
- Bevölkerungswachstum (vgl. Bevölkerungsexplosion in der Dritten Welt und Bevölkerungsrückgang in Industrieländern)

**2. Ökonomie und Gerechtigkeit im internationalen Maßstab:**
- Nord-Süd-Konflikt
- Sahelzone, Regenwälder

**3. Ökonomie und Gerechtigkeit im nationalen Maßstab**
- Familienlastenausgleich
- Arbeitslosigkeit
- Altersvorsorge

**4. Ökonomie und Demokratie**
- Verhältnis Wirtschaftsmacht/politische Macht
- Rüstungsexporte
- Probleme im Nahen Osten/Terrorismus

Ein möglicher Sinn wirtschaftsethischer Überlegungen besteht darin, nicht im Anschluss an bereits erfolgte Handlungen nachträglich moralische Appelle zu erlassen, sondern in der Reflexion über ethische Voraussetzungen und Konsequenzen wirtschaftlichen Handelns auf drei Ebenen:

- Mikroebene: Verhalten des Einzelnen als Teilnehmer am Wirtschaftsprozess
- Mesoebene: „Zwischen“ebene der Unternehmen und von Verbänden
- Makroebene: ethische Beurteilung ganzer Wirtschaftssysteme.

Ein Beispiel praxisbezogener Umsetzung zeigt ein Auszug der deutschen Fassung der PwC-Ethik-Grundsätze der weltweit tätigen Prüfungs- und Beratungsorganisation PricewaterhouseCoopers:

| PwC-Ethik-Grundsätze | |
|---|---|
| Hervorragende Leistungen: Wir halten, was wir versprechen und sind bestrebt, die Erwartungen unserer Kunden zu übertreffen. Hervorragende Leistungen erreichen wir durch innovative Ideen, kontinuierliches Lernen und geistige Beweglichkeit. | ➢ Wir nutzen das Eigentum von PwC und das unserer Mandanten, einschließlich aller Sachwerte, des geistigen Eigentums und elektronisch gespeicherter Daten, in einer verantwortungsvollen und dem Geschäftszweck angemessenen Weise…<br>➢ Wir erfüllen unsere vertraglichen Vereinbarungen. Bei unserer Berichterstattung und den in Rechnung gestellten Honoraren sind wir den Grundsätzen der Ehrlichkeit und Aufrichtigkeit verpflichtet. |
| Teamwork: Wir erzielen optimale Lösungen durch die Zusammenarbeit mit Kollegen und Mandanten. Wirkungsvolles Teamwork setzt intakte Beziehungen, gegenseitigen Respekt und partnerschaftliches Arbeiten voraus. | ➢ Wir achten unsere Kollegen und Mandanten oder Personen, mit denen wir in Geschäftskontakt stehen, und behandeln sie fair und höflich.<br>➢ Wir sprechen uns für die Einhaltung der elementaren Menschenrechte aus und vermeiden Geschäfte, bei denen Menschenrechte missachtet werden. |

| | |
|---|---|
| Führung und Verantwortung: Wir stellen unsere Führungsqualitäten bei unseren Mandanten, unseren Mitarbeitern und auch bei der Entwicklung sowie Umsetzung neuer Konzeptionen unter Beweis. | ➢ Jeder von uns ist mitverantwortlich für eine konsequente und der Situation angemessene Einhaltung der Grundsätze...<br>➢ Wir sind aufgefordert, Bedenken offen zu äußern und hierbei fair und ehrlich und mit Achtung für den Betroffenen zu handeln. |

Abb. 25: Auszüge der PwC-Ethik-Grundsätze (vgl. PwC Deutsche Revision (Hrsg.): PwC-Ethik-Grundsätze, o.O. 2002)

# 2 Führung

## 2.1 Planung, Kontrolle und Controlling

### 2.1.1 Grundlagen der Planung

Ähnlich zahlreichen anderen Begriffen in der BWL existieren von dem der **Planung** viele Definitionen. So bezeichnet z.B. *Schweitzer* Planung als einen geordneten, informationsverarbeitenden „Prozess zum Erstellen eines Entwurfs, welcher Maßnahmen für das Erreichen von Zielen vorausschauend festlegt". Dieser Ansatz hat den Vorteil, dass implizit auch der Begriff des **Plans**, also das Ergebnis dieses Prozesses mit festgelegt wird. Eine allgemeinere Definition findet sich bei *Wöhe*, der Planung sehr griffig als „gedankliche Vorwegnahme zukünftigen Handelns" bezeichnet. Planung ist eine **Kernfunktion des Managementprozesses** und besonders eng mit der Unternehmensführung verbunden.

Das Hauptziel von Planungsmaßnahmen besteht darin, die Zielerreichung sicherzustellen bzw. zu unterstützen. Hieraus lassen sich in Anlehnung an *Wild* Nebenziele ableiten:

| **Nebenziele der Planung** |
|---|
| ➢ Zielausrichtung: untergeordnete Ziele und Vorgehensweisen von Mitarbeitern sollen auf die Oberziele abgestimmt werden<br>➢ Frühwarnung: prognostizierte Problemlagen werden verdeutlicht, Gegenmaßnahmen können frühzeitig ergriffen werden<br>➢ Koordination von Teilplänen: Einzellösungen von Teilproblemen können aufeinander abgestimmt werden (Vermeiden von Insellösungen) |

- Entscheidungsvorbereitung: systematische und zweckmäßige Vorbereitung von Entscheidungen
- Grundlage von Steuerung und Kontrolle: aufgrund von Planung wird es möglich, Soll- und Istgrößen miteinander zu vergleichen und damit Steuerungsmaßnahmen einzuleiten
- Mitarbeiterinformation: über zukünftige Entwicklungen und angedachte Maßnahmen
- Mitarbeitermotivation: durch Mitwirkung am Prozess der Planerstellung kann die Mitarbeitermotivation erhöht werden

Abb. 26: Nebenziele der Planung

Je nach Differenzierungskriterium kann man verschiedene **Arten der Planung** unterscheiden. Betreffend den Bezugszeitraum gibt es die **kurzfristige** (Zeitraum ca. ≤ 1Jahr), **mittelfristige** (Zeitraum ca. zwischen 1 und 4 Jahren) und die **langfristige** (Zeitraum ca. > 4 Jahre) Planung. Bezüglich des **betrieblichen Funktionsbereiches** sind z.B. die Beschaffungs-, Produktions- und die Absatzplanung zu unterscheiden. Steht das Über-/Unterordnungsverhältnis von Plänen, also die **Planungshierarchie**, im Vordergrund, so finden sich die **strategische**, die **taktische** und die **operative** Planung. Wichtig ist in diesem Zusammenhang, dass sich dieses Gliederungskriterium nicht ausschließlich auf unterschiedliche Bezugszeiträume beschränkt:

| **Planungsmerkmale** / **Ebene der Planung** | **Differenziertheitsgrad** (Aufgliederung in Teilpäne) | **Detailliertheitsgrad** (Erfassung von Einzelheiten) | **Präzision** (Information über die zu erfassenden Größen) | **Bezugszeitraum** (Planungshorizont/Prognosereichweite) | **Strukturmängel** (Abgrenzung des Suchraums für zulässige Lösungen) |
|---|---|---|---|---|---|
| **Strategisch** | wenig differenziert (Gesamtplan) | globale Größen (Problemfelder) | grobe Informationen über die Größen | langfristig | schlecht-definierte Probleme |
| **Taktisch** | ↓ | ↓ | ↓ | ↓ | ↓ |
| **Operativ** | stark differenziert (viele Teilpläne) | detaillierte Größen (Detailprobleme) | feine ("exakte") Informationen über die Größen | kurzfristig | wohl-definierte Probleme |

Abb. 27: Strategische, taktische und operative Planung (Abb. in Anlehnung an Pfohl, Hans-Christian; Stölzle, Wolfgang, Planung und Kontrolle, Konzeption, Gestaltung, Implementierung, 2. Aufl., München 1997, S. 123)

Werden einzelne Teilpläne in einem Unternehmen schrittweise zeitlich nacheinander aufgestellt, spricht man von **sukzessiver** Planung; geschieht dies gleichzeitig in einem einzigen Planungsansatz, handelt es sich um eine **simultane** Planung.

Da die Umwelt von Unternehmen einem steten Veränderungsprozess unterworfen ist, sollten auch die Pläne von Unternehmen nicht starr, sondern **flexibel**, d. h. anpassungsfähig sein. Dies wird am Beispiel der rollenden Fünfjahres-Planung erläutert:

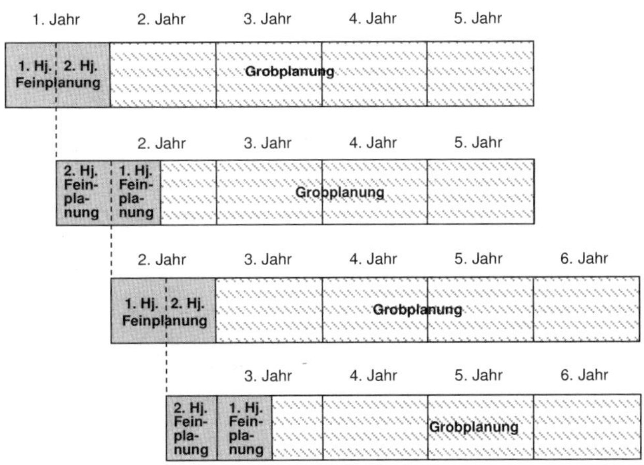


Abb. 28: Rollende Fünfjahres-Planung (in Anlehnung an Bea, Franz Xaver; Friedl, Birgit; Schweitzer, Marcell: Allgemeine Betriebswirtschaftslehre, Bd. 2, 9. Aufl., Stuttgart 2005, S. 49)

Bei diesem Vorgehen zur Planerstellung wird der erste Jahresplan als detaillierter Feinplan erstellt, die folgenden vier Jahre werden nur grob geplant. Feinpläne werden jeweils nach Ablauf eines Teilplanes aktualisiert und fortgeschrieben, Grobpläne in Jahresabständen. Als Ergebnis liegt eine Planung vor, die sich einerseits auf ca. fünf Jahre in die Zukunft erstreckt und andererseits regelmäßig angepasst wird.

In Anlehnung an *Wild* lassen sich im Rahmen des Managementprozesses folgende Planungsphasen unterscheiden:

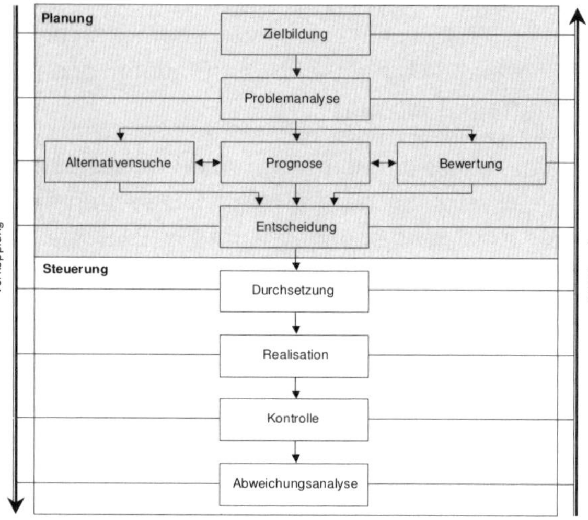


Abb. 29: Planungsphasen im Rahmen des Managementprozesses (Abb. in Anlehnung an Wild, Jürgen, Grundlagen der Unternehmungsplanung, 4. Aufl., Opladen 1982, S. 37)

Die **Hauptprobleme der Planung** liegen in folgenden Bereichen:

- Ungewissheitsproblem: zukünftige Entwicklungen des Unternehmens bzw. des Umfeldes von Unternehmen lassen sich nicht sicher prognostizieren

- Informationsproblem: Schwierigkeit der Festlegung des optimalen Informationsumfanges; einerseits können unvollständige oder unrichtige Informationen vorliegen, andererseits kann eine Informationsflut es erschweren, die relevanten Informationen zu erkennen (information overload)

- Interdependenzen: gegenseitige Abhängigkeiten bedingen u. U. eine Simultanplanung, die aber häufig in der Praxis nicht realisiert werden kann

- Flexibilität: einerseits sind Pläne im Rahmen der Zielerreichung unabdingbar, andererseits engen Pläne auch ein.

### 2.1.2 Strategische Planungsinstrumente

Im Rahmen der **strategischen Planung**, also der Planungsebene, die sich langfristig orientiert mit eher globalen, wenig differenzierten Problemfeldern auseinander setzt, werden - je nach Planungsphase - zahlreiche **Planungstechniken** eingesetzt. Beispielhaft sollen einige ausgewählte Ansätze vorgestellt werden, die bei der Strategieentwicklung und -formulierung hilfreich sein können.

Die **Synergie-Konzeption**, z. T. auch 2 + 2 = 5-Effekt genannt, versucht unternehmerische Synergien, d. h. positive Wirkungen, die sich aus dem Zusammenwirken ergeben, zu nutzen. Synergien können z. B. dadurch entstehen, dass Unternehmen bisherige Erfahrungen in neuen Produkt- oder Marktbereichen doppelt ausnutzen. Häufig werden Synergieeffekte auch bei Unternehmenszusammenschlüssen (z. B. Daimler-Benz und Chrysler zu DaimlerChrysler) als Begründung angeführt. So wird beispielsweise angestrebt, durch die gemeinsame Nutzung von Forschungs- und Entwicklungsabteilungen, durch gebündelten Einkauf oder gemeinsame Vertriebswege Kosten zu sparen. Als Beispiel kann die gemeinsame Entwicklung des weitgehend identischen Vans der Automobilfirmen Volkswagen (Sharan), Seat (Alhambra) und Ford (Galaxy) angeführt werden.

Der **Erfahrungskurveneffekt** besagt, dass die realen (nicht inflationierten) Stückkosten eines Produktes um einen relativ konstanten Betrag (potentiell 20% - 30%) sinken können, sobald sich die Produkterfahrung verdoppelt. Die Voraussetzung hierfür ist jedoch die konsequente Nutzung aller Kostensenkungspotentiale. Im Rahmen der strategischen Planung könnte dies Auswirkungen auf die zu wählende Preisstrategie haben, indem z. B. der Preis bei einer Markteinführung nur so lange hoch zu halten ist, bis ein Preiseinbruch durch neu auftretende Konkurrenten zu befürchten ist; dann könnten die aufgrund der bisherigen Erfahrung verminderten Stückkosten an die Verbraucher weitergegeben werden und dadurch u. U. Markteintrittsbarrieren geschaffen werden. Der in der Praxis beobachtete Effekt wird mit dem Lernverhalten von Menschen, Fixkostendegressionseffekten (fixe Kosten verteilen sich auf immer mehr Produkte), technischem Fortschritt und Rationalisierungspotenzialen erklärt.

Das **Lebenszykluskonzept** überträgt den in der Natur beobachtbaren Lebenszyklus von Pflanzen, Tieren und Menschen auf Produkte und Märkte. Auch in diesem Fall handelt es sich um ein in der Praxis vorkommendes Phänomen, das auf einen für viele Fälle typischen Umsatz-/Gewinnverlauf über die Lebensdauer von Produkten hinweist. Um einen zwangsläufigen, gesetzhaften Zusammenhang handelt es sich jedoch nicht. In der **Einführungsphase** steigt der Umsatz zunächst langsam an. Der Gewinn wird häufig noch negativ sein. In der **Wachstumsphase** steigt der Umsatz stark an, der Gewinn erreicht den Break-even-point, d. h. er verlässt die Verlustzone und erreicht den positiven Bereich. In der **Reifephase** nehmen Umsatz und Gewinn nur noch langsam zu, in der **Sättigungsphase** nehmen beide Größen wieder ab. U. U. gelingt ein **Relaunch**, d. h. ein Wiederansteigen der Kurven, z. B. durch Produktmodifikationen (Abb. 30).

Der Grund für solche Entwicklungen liegt in Veränderungen im gesellschaftlichen Bereich (z. B. Einkommensänderungen, Wertewandel der Bevölkerung, Modeströmungen usw.) und auf dem technologischen Sektor (neue Produkt-, Verfahrens und Fertigungstechnologien). Das Lebenszykluskonzept kann zahlreiche strategische Anregungen liefern, z. B. für Preis- und Werbestrategien, zur Kapazitätsplanung oder für Investitionsvorhaben.

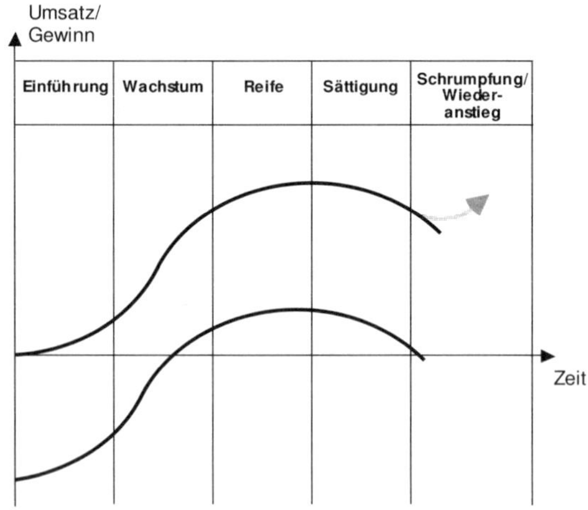


Abb. 30: Produktlebenszyklus (Abb. in Anlehnung an Hentze, Joachim; Brose, Peter: Unterneh--mungsplanung, Bern, Stuttgart 1985, S. 150)

Ein weiterer häufig genutzter Ansatz im Rahmen der strategischen Planung ist die **Portfolio-Technik**. Bei diesem Instrument wird ein Unternehmen in Anlehnung an ein Portfolio – eine Zusammenstellung von Wertpapieren – als **Gesamtheit strategischer Geschäftseinheiten** (SGE) oder Produktlinien gesehen. Die einzelnen SGE werden grafisch in einer Matrix positioniert. Angestrebt wird eine Ausgewogenheit im Gesamtportfolio. Nachfolgend wird die von der Boston Consulting Group entwickelte Version der Portfolio-Matrix dargestellt, bei der die SGE in vier Feldern, abhängig von Marktwachstum und relativem Marktanteil, eingeordnet werden (z. B. in Form von Kreisen in den jeweiligen Feldern möglich):

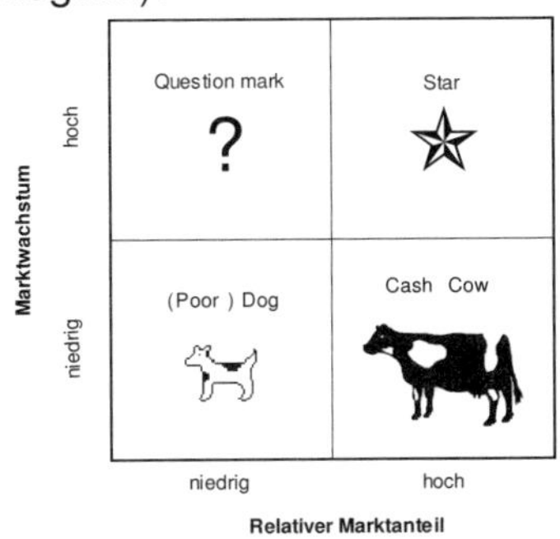


Abb. 31: Portfolio-Matrix

Je nach Positionierung der SGE werden dann Normstrategien zur Vorgehensweise vorgeschlagen:

| Strategisches Element | Portfolio-Kategorien | | | |
|---|---|---|---|---|
| | Question mark | Star | Cash Cow | (Poor) Dog |
| Zielvorstellung | Selektiver Abbau bzw. Ausbau des Marktanteils | Halten bzw. leichter Ausbau des Marktanteils | Halten bzw. leichter Abbau des Marktanteils | Abbau des Marktanteils |
| Investitionsaufwand | Hoch: Erweiterungsinvestition oder Verkauf | Hoch: Reinvestition des Netto-Cash Flow | Gering: ausschließlich Rationalisierungs- und Ersatzinvestitionen | Minimal: Verkauf von Anlagen bei Gelegenheit/ möglicherweise Stilllegung |
| Verhalten gegenüber dem Risiko | Akzeptieren | | Einschränken | Stark reduzieren |

Abb. 32: Portfolio-Normstrategien (Abb. in Anlehnung an Nieschlag, Robert; Dichtl, Erwin; Hörschgen, Hans, Marketing, 19. Aufl., Berlin 2002, S. 141)

## 2.1.3 Kontrolle und Controlling

Abb. 29 zeigt, dass sich der Planungsphase die Durchsetzung und Realisation der zuvor geplanten Maßnahmen anschließt. Der Realisation schließlich folgt im Managementprozess die **Kontrolle**. Unter Kontrolle versteht man in diesem Zusammenhang einen laufenden, informationsverarbeitenden Prozess zur Ermittlung von Abweichungen zwischen Plan- und Vergleichsgrößen. Häufig handelt es sich dabei um den Vergleich von **Ist-** und **Sollwerten**. Die Kontrollphase ist inhaltlich eng mit der Planung verbunden: Planung ohne Kontrolle ist sinnlos, denn mögliche Planabweichungen würden nicht erkannt. Kontrolle ohne Planung ist unmöglich, da durch die Planung die Soll-Werte vorgegeben werden. Die Kontrolle läuft in folgenden Schritten ab:

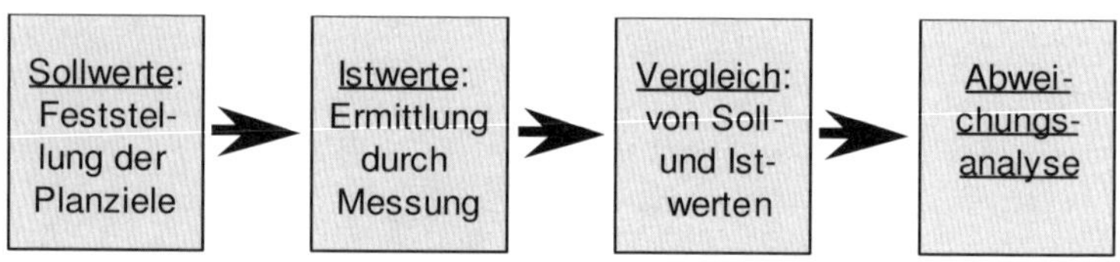


Abb. 33: Schritte der Kontrolle

Im Rahmen des strategischen Managements verliert die »traditionelle« Kontrolle die Funktion des »Endgliedes« im Managementprozess und erhält durch absichernde Begleitung des gesamten Prozesses eine wesentlich gesteigerte Bedeutung:

| Vergleichsmerkmale | Traditionelle Kontrolle | Strategische Kontrolle |
|---|---|---|
| Kontrollinhalte | Soll-Ist-Vergleich im Sinne einer Endergebniskontrolle inkl. Abweichungsanalyse | Bereits vor der Endergebniskontrolle auch Planfortschrittskontrolle und Prämissenkontrolle |
| Kontrollgrößen | Quantifizierbare Größen | Quantifizierbare und qualitative Größen |
| Kontrollausrichtung | Unternehmensintern | Interne und externe Erfolgsfaktoren |
| Kontrollzeitpunkt | Einmalig nach Ergebnisrealisation | Kontinuierlich, zu Planung und Realisation parallel verlaufend |

Abb. 34: Vergleich von traditioneller und strategischer Kontrolle (Abb. in Anlehnung an Bea, Franz Xaver; Haas, Jürgen, Strategisches Management, Stuttgart, Jena 1995, S. 207)

**Controlling**, z. T. mit bloßer Kontrolle verwechselt, umfasst deutlich mehr als einen Soll-/Ist-Vergleich. Der vom engl. »to control« abgeleitete Begriff kennzeichnet einen laufenden, informationsverarbeitenden Prozess zur Überwachung und **Steuerung** der Realisation von Plänen. Controlling steht damit für die Gesamtheit der Aufgaben, die die **Koordination der Unternehmensführung** und die **Informationsversorgung** der Führungskräfte zum Inhalt hat. Der Controller wirkt bei der Festlegung der Geschäftspolitik, insbesondere der strategischen Planung und der operativen Planung mit. Controlling ermittelt Auswirkungen der Zielsetzungen und Einzelplanungen auf die Wettbewerbsfähigkeit des Unternehmens und wird häufig mit Hilfe von Kennzahlen(-Systemen) realisiert. Unter kybernetischen Aspekten wird Controlling auch in Form eines **Regelkreises** dargestellt:

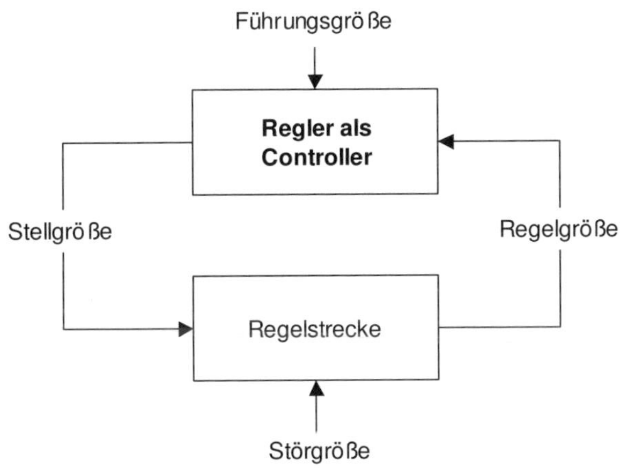


Abb. 35: Controlling als Regelkreis (Quelle der Abb.: Olfert, Klaus; Rahn, Horst-Joachim, Lexikon der Betriebswirtschaftslehre, 5. Aufl., Ludwigshafen 2004, Abschnitt 817)

Die **Regelstrecke** bezeichnet das zu regelnde Wirksystem (z.B. Fehlzeiten von Mitarbeitern), das über die **Stellgröße** beeinflusst wird (z. B. Einsatz eines neuen Abteilungsleiters). **Störgrößen** beeinflussen die Regelstrecke zusätzlich (auch von außen; z. B. Fußballweltmeisterschaftsübertragungen im Fernsehen). Die **Regelgröße** kennzeichnet den Istwert (z. B. aktuelle Fehlzeiten in Abteilung X liegen bei 10%).

Der **Regler**, in diesem Fall ein Controller, erfasst die Regelgröße und vergleicht sie mit dem vorgegebenen Sollwert, der **Führungsgröße** (z. B. Fehlzeit von max. 3%). Bei Abweichungen wird erneut über die Stellgröße Einfluss auf die Regelstrecke genommen.

## 2.2 Organisation

### 2.2.1 Grundlagen der Organisation

Für den Begriff der Organisation finden sich in der BWL viele Erklärungsansätze. *Bleicher* kennzeichnet **Organisation** als zielorientierte ganzheitliche **Gestaltung**, *Krüger* charakterisiert Organisation als präsituative **Strukturregelung** von Aktionsfeldern. Unterschiedliche Facetten des Organisationsbegriffes spiegelt der Definitionsansatz von *Wöhe* wider, der unter Organisation einerseits den **Prozess** der Entwicklung der betrieblichen Ordnung, (Strukturierung) und andererseits das **Ergebnis** dieses Prozesses, d. h. die Gesamtheit aller Regelungen versteht. Zusammenfassend lassen sich mit *Weber* drei Kategorien darstellen, auf die sich der betriebswirtschaftliche Organisationsbegriff bezieht:

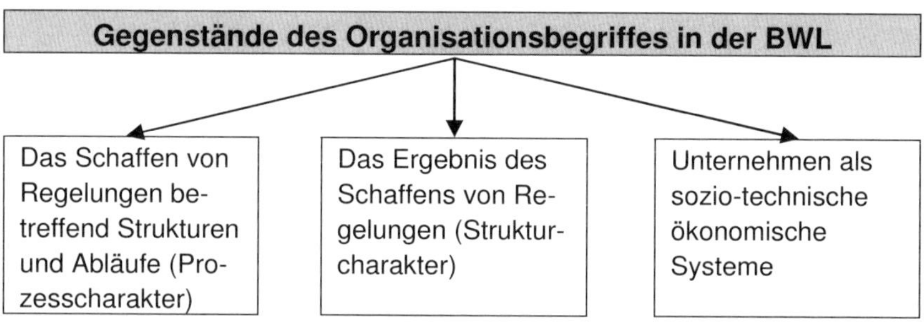


Abb. 36: Der Organisationsbegriff in der BWL

Die organisatorische Gestaltung von Unternehmen umfasst die Aufspaltung der betrieblichen Gesamtaufgabe in einzelne Teilaufgaben und die anschließende Zuordnung zu Teilaufgaben bestimmter organisatorischer Einheiten.

Sowohl in der Organisationslehre als auch in der Praxis wird unterschieden in **Aufbau- und Ablauforganisation**. Im Rahmen der Aufbauorganisation wird die **Struktur** des Unternehmens festgelegt, sie erstreckt sich auf die Verknüpfung der organisatorischen Grundelemente zu einem organisatorischen Gefüge. Bei der Ablauforganisation stehen Abläufe bzw. **Prozesse** im Vordergrund, hier werden Handlungsabläufe geordnet. Aufbau- und Ablauforganisation bilden zusammen die **formale/ formelle Organisationsstruktur**, d. h. denjenigen Aufbau, der bewusst gestaltet, oft schriftlich dokumentiert und personenunabhängig formuliert ist. In der täglichen unternehmerischen Praxis bildet sich daneben oft auch eine **informale/informelle** Struktur, ein durch Kommunikationsbeziehungen zustande gekommenes Beziehungsgeflecht unter den Mitarbeitern, das teilweise ganz andere organisatorische Strukturen aufweisen kann (man denke z. B. an den sog. »kleinen Dienstweg«). Informelle Regelungen können formelle Regelungen ergänzen, diese aber auch unterlaufen.

### 2.2.2 Aufbauorganisation

Die Gestaltung der Aufbauorganisation vollzieht sich in zwei Schritten: man beginnt mit der Aufgabenanalyse, es folgt die Aufgabensynthese. Im Rahmen der **Aufgabenanalyse** wird zunächst – ausgehend von der gegebenen Gesamtaufgabe des Unternehmens – eine Aufspaltung in so viele Teilaufgaben vorgenommen (Subsystembildung), dass durch die anschließende Kombination der Teilaufgaben eine sinnvolle arbeitsteilige Gliederung entsteht (Subsystemintegration). Dadurch werden Arbeitsteilung und Spezialisierung festgelegt. Die Arbeitsteilung kann **horizontal** oder **vertikal** erfolgen. Schon *Adam Smith* beispielsweise stellte in seinem klassischen Beispiel der Stecknadelfertigung fest, dass durch **horizontale Arbeitsteilung** bzw. **Spezialisierung** erhebliche Produktivitätsgewinne erzielt werden können: ohne Arbeitsteilung konnten zehn Arbeiter rund 200 Stecknadeln pro Tag fertigen; nach Aufteilung des Produktionsprozesses in 18 Einzelschritte war die Anzahl der gefertigten Stecknadeln um den Faktor 240 (!) höher. *Frederick W. Taylor* erweiterte in seinem Anfang des 20. Jahrhunderts erschienenen Werk »The principles of scientific management« den Gedanken der Arbeitsteilung und plädierte in seinen Untersuchungen für eine **vertikale Arbeitsteilung**, d. h. für die **Trennung** der Planung und Ausführung von Aufgaben. Taylors Prinzipien revolutionierten das Management, die Arbeitsorganisation und die Entlohnung von Arbeitern (Akkordlohn, Entlohnung ist von der Anzahl der gefertigten Stücke bzw. von Vorgabezeiten abhängig) und führten zum heute so bezeichneten »Taylorismus«, einer wissenschaftlichen Betriebsführung mit dem Ziel der Produktivitätssteigerung der menschlichen Arbeit. Die strenge Form der tayloristischen Arbeitsteilung gilt heute als weitgehend überholt, die Grundgedanken besitzen immer noch Relevanz.

Der Aufgabenanalyse schließt sich die **Aufgabensynthese** an. In diesem Kontext sind zunächst die in der vorangegangenen Analyse gebildeten Teilaufgaben so zu kombinieren, dass **Stellen** entstehen, die kleinsten aufbauorganisatorischen Elemente.

Durch diese personenorientierte Bündelung der Aufgaben soll die Frage „Wer macht was?“ beantwortet werden. Die **Stellenbildung** ist auf zweierlei Weise möglich: Die Stellenaufgabe kann auf eine abstrakte, noch zu suchende Person ausgerichtet sein, oder es folgt eine Ausrichtung der Aufgaben nach dem zukünftigen, schon bekannten Stelleninhaber. In der **Stellenbeschreibung** werden die Zuordnung der Teilaufgaben, die Eingliederung in die Organisationsstruktur, Verantwortlichkeiten, Kompetenzen, Entwicklungsmöglichkeiten usw. festgehalten. Als Ergebnis der Stellenbildung liegt ein **Stellenplan** vor, in dem die gebildeten Stellen verzeichnet sind.

Im Zuge der Stellenbildung sind ferner Kompetenzen und Verantwortlichkeiten zu regeln. **Kompetenzen** sind die einem Stelleninhaber ausdrücklich zugeordneten Rechte. Unter **Verantwortung** versteht man die Pflichten eines Stelleninhabers, für eine zielentsprechende Aufgabenerfüllung persönlich Rechenschaft abzulegen. Werden Leitungsaufgaben zu einer ranghöheren Stelle zusammengefasst, bezeichnet man diese Stellen als **Instanzen** (Leitungsstellen). Instanz plus untergeordnete Stellen bilden zusammen eine **Abteilung**. Diese aufbauorganisatorischen Systemelemente von Unternehmen lassen sich auf verschiedene Weisen kombinieren.

In Anlehnung an *Krüger* kann man drei grundlegende Gestaltungsparameter verknüpfen:

- Dominante Form der **Aufgabenspezialisierung**: Funktions- oder Objektgliederung
- Verteilung der **Weisungsbefugnisse**: Einlinien- oder Mehrliniensysteme
- **Verteilung** der Entscheidungsaufgaben: Entscheidungszentralisation oder -dezentralisation.

Je nach Kombination der o. a. Parameter ergeben sich unterschiedliche Organisationsformen. Einige grundlegende Varianten mit praktischer Relevanz sollen im Folgenden vorgestellt werden. Hinsichtlich der **Weisungsbefugnisse** wird unterschieden zwischen Einlinien-, Mehrlinien- und Stabliniensystemen.

Das **Einliniensystem** ist gekennzeichnet durch den Grundsatz der **Einheitlichkeit der Auftragserteilung**. Jede Instanz gibt Weisungen an die ihr – und nur ihr – unmittelbar untergeordnete Stelle. Das Einliniensystem ist die straffste Form der organisatorischen Gliederung eines Unternehmens mit klaren, übersichtlichen Weisungs- und Berichtsverhältnissen:

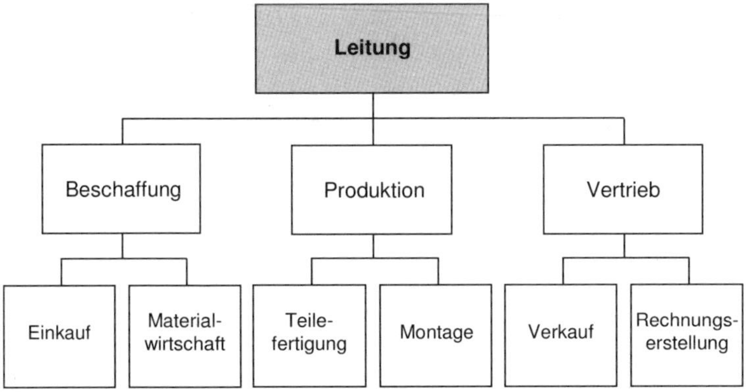


Abb. 37: Beispiel Einliniensystem

Bei dem **Mehrliniensystem** ist die Weisungsbefugnis **aufgabenspezifisch** geregelt. Ein Mitarbeiter kann demzufolge Weisungen von mehreren Instanzen erhalten. Der Vorteil besteht in einem im Vergleich zum Einliniensystem weniger schwerfälligen Instanzenweg, andererseits besteht die Gefahr von Kompetenzkonflikten im Überschneidungsbereich von Aufgaben, wenn sich Anweisungen möglicherweise widersprechen.

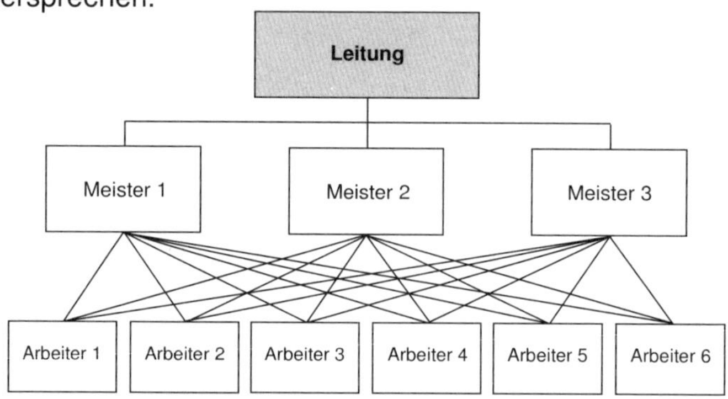


Abb. 38: Beispiel Mehrliniensystem

Das **Stabliniensystem** ist eine Kombination von Einliniensystem mit der Struktur der **Abspaltung bestimmter Funktionen**. Der Gedanke der Spezialisierung wird hier in Form der Stabsstellen realisiert, die die Instanz, der sie zugeordnet sind, beraten und unterstützen. Die Stabsstellen selbst haben jedoch keine Weisungsbefugnisse. Die Vorteile des Stabliniensystems bestehen darin, dass einerseits die Instanzen entlastet werden und spezialisiertes Expertenwissen zur Verfügung gestellt werden kann, gleichzeitig die klaren Zuständigkeitsverhältnisse aufrecht erhalten bleiben.

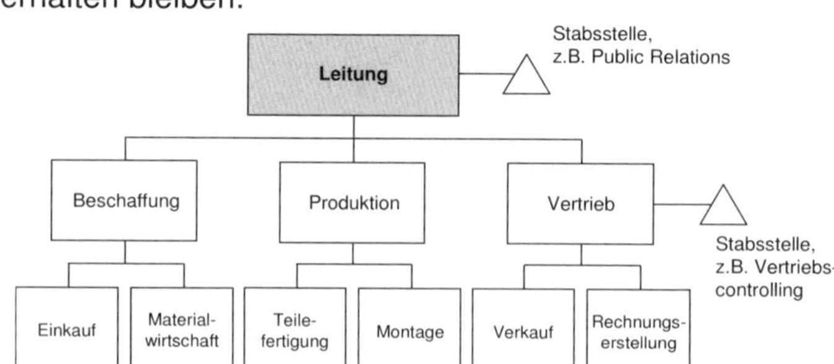


Abb. 39: Stabliniensystem

Andererseits ist diese Organisationsform nicht konfliktfrei, da Entscheidungen durch die Stabsstellen vorbereitet werden, die Umsetzung jedoch durch Stellen »in der Linie« erfolgt. Dies kann zu Motivationsproblemen der Stäbe führen. Ferner kann ein Nachteil darin bestehen, dass die Inhaber von Stabsstellen mit ihrem spezialisierten Fachwissen die Inhaber der Linienpositionen weitgehend in ihrem Sinne steuern.

Bezüglich der **Form der Aufgabenspezialisierung** sind folgende Organisationsformen denkbar:

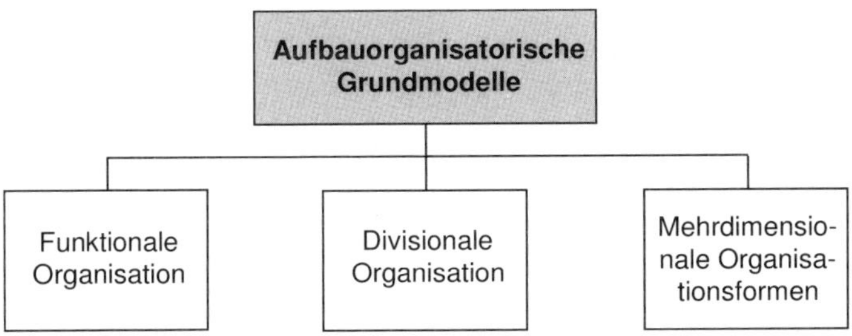


Abb. 40: Aufbauorganisatorische Grundmodelle

Die **funktionale Organisation** basiert auf einer Gliederung der zweiten Hierarchieebene nach betrieblichen **Funktionen**. Typische Teilbereiche könnten z. B. Beschaffung, Produktion oder Vertrieb sein. Vorteile liegen einerseits in der Übersichtlichkeit und der Spezialisierung auf eben diese Funktionen, andererseits können sich Bereichsdenken, mangelnde Produktverantwortung und ein schwerfälliger Informationsfluss nachteilig auswirken.

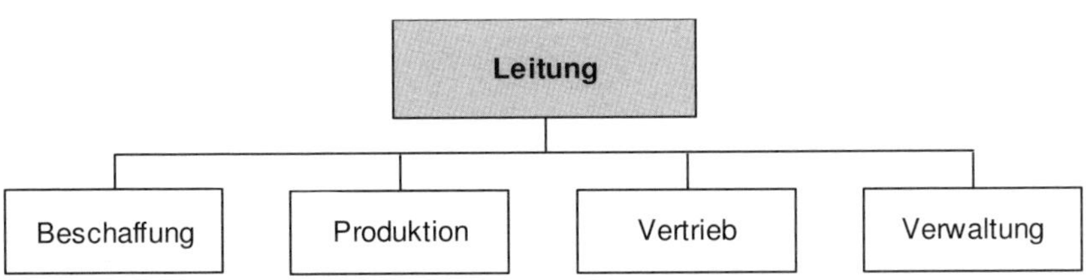


Abb. 41: Beispiel einer funktionalen Organisation

Die traditionelle (Stab-)Linienorganisation ist infolge ihrer funktionalen Struktur beschränkt auf Unternehmen mit einem Produktionsprogramm, das nicht allzu viele verschiedene Produktarten umfasst. Großunternehmen verfügen daher oft über Organisationsformen, deren Struktur sich primär am **Objektprinzip** orientiert. Objekte können dabei **Sparten** des Unternehmens sein (Geschäftsbereiche, »**Divisionen**«), z. B. Produkte, Kundengruppen oder Regionen. Daneben existieren Zentralabteilungen wie z. B. die Personalabteilung, die Dienstleistungen für die Sparten erbringen.

Der Vorteil der Divisionalorganisation liegt insbesondere darin begründet, dass ein schwer steuerbares, komplexes System in **flexiblere**, anpassungsfähigere **Teilsysteme** aufgegliedert wird. Das Verantwortungsgefühl der Spartenleiter kann durch Einräumung unternehmerischer Entscheidungskompetenz gesteigert werden. Einzelne Geschäftsbereiche können **kostenverantwortlich** (»**Cost center**«) oder **gesamtergebnisverantwortlich** (»**Profit center**«) geführt werden. Nachteile können in der Gefahr von Doppelarbeit und der Nichtnutzung von Synergien liegen (vgl. Abb. 42).

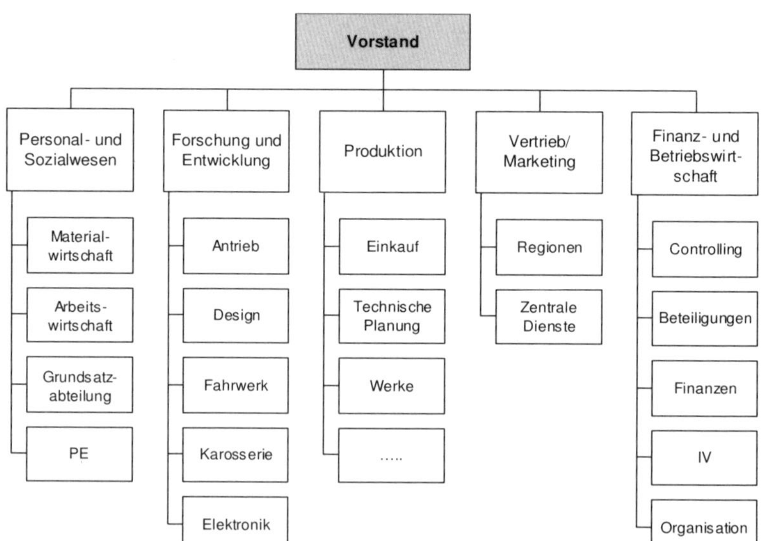


Abb. 42: Divisionalorganisation der BMW AG (1994) (Quelle: Krüger, Wilfried, Organisation, in: Bea, Franz Xaver; Friedl, Birgit; Schweitzer, Marcell, Allgemeine Betriebswirtschaftslehre, Bd. 2, 9. Aufl., Stuttgart 2005, S. 196)

**Mehrdimensionale Organisationsformen** orientieren sich nicht nur an einem Gliederungskriterium (z. B. Funktionen oder Divisionen), sondern gleichzeitig an mindestens zwei. Beispielhaft soll die **Matrixorganisation** dargestellt werden, eine Organisationsform, bei der sich **funktionsorientierte** und **objektorientierte** Strukturen überlagern; formal gleicht sie einer Matrix.

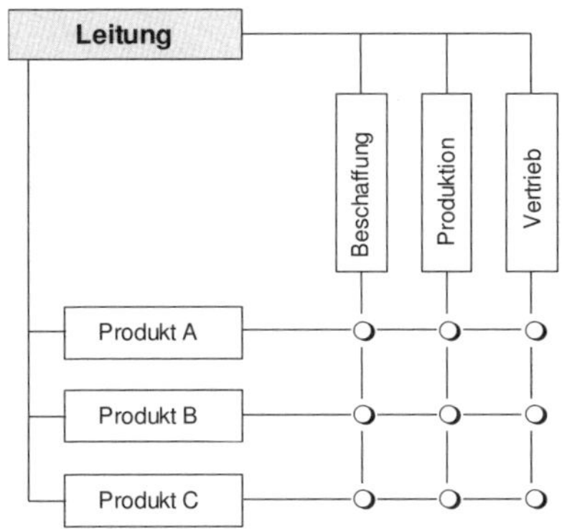


Abb. 43: Beispiel einer Matrixorganisation

Mit der Matrixorganisation sollen die **Vorteile** der funktionsorientierten mit denen der objektorientierten Organisationsstruktur **verknüpft** werden. Einerseits kann in einem **flexiblen System** vorhandenes **Spezialwissen** genutzt werden und es sind **intensive Kommunikationsprozesse** möglich. Andererseits ist diese Organisationsform anfällig für **Reibungsverluste**, die aufgrund von Doppelunterstellung und **Kompetenzüberschneidungen** auftreten können; das **Konfliktpotenzial** ist groß.

## 2.2.3 Prozessorganisation

Im Fokus der **Ablauforganisation**, in jüngerer Zeit auch als **Prozessorganisation** bezeichnet, steht die Strukturierung von Arbeitsprozessen. Organisiert werden müssen u. a. die Arbeitsinhalte (Arbeitsobjekte, Tätigkeiten), Arbeitszeiten, die räumliche Zuordnung der Tätigkeiten und die Zuordnung von Teilaufgaben zu einzelnen Mitarbeitern (*Witte*). Den Ablauf der Prozessorganisation vermittelt das untenstehende Schema, wobei die abgebildeten Phasen nicht unbedingt eine lineare Abfolge aufweisen müssen; Rückkopplungen sind möglich:

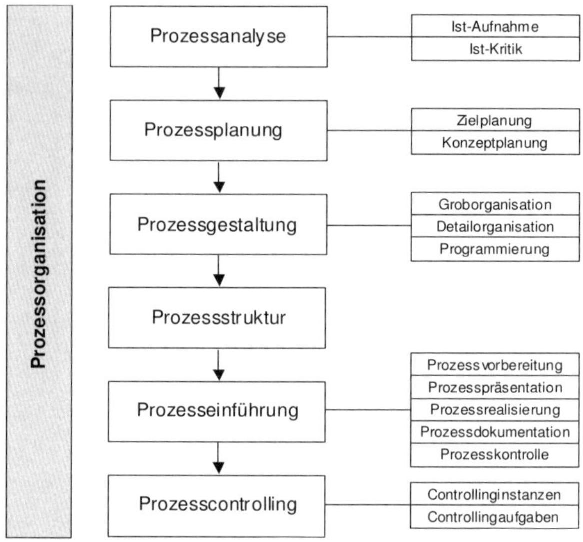


Abb. 44: Ablauf der Prozessorganisation (Abb. in Anlehnung an: Olfert, Klaus, Organisation, 14. Aufl., Ludwigshafen 2006, S. 181)

## 2.2.4 Organisationaler Wandel

Grundsätzlich müssen organisatorische Lösungen den jeweiligen Rahmenbedingungen angepasst werden. Eine allgemein optimale Lösung für jeden Typ von Unternehmen zu jedem Zeitpunkt existiert nicht. Da sich die Rahmenbedingungen im Zeitablauf jedoch ändern, können auch organisatorische Strukturen nicht von Dauer sein, auch sie unterliegen Entwicklungsprozessen. Wie Organisationsstrukturen mit unterschiedlichen Phasen der Unternehmensentwicklung zusammenhängen können, zeigt Abbildung 45.

Der **geplante Wandel**, der die zielgerichtete Anpassung der Organisationsstrukturen an veränderte Umweltbedingungen zum Inhalt hat, wird in der BWL unter dem Stichwort der **Organisationsentwicklung** behandelt.

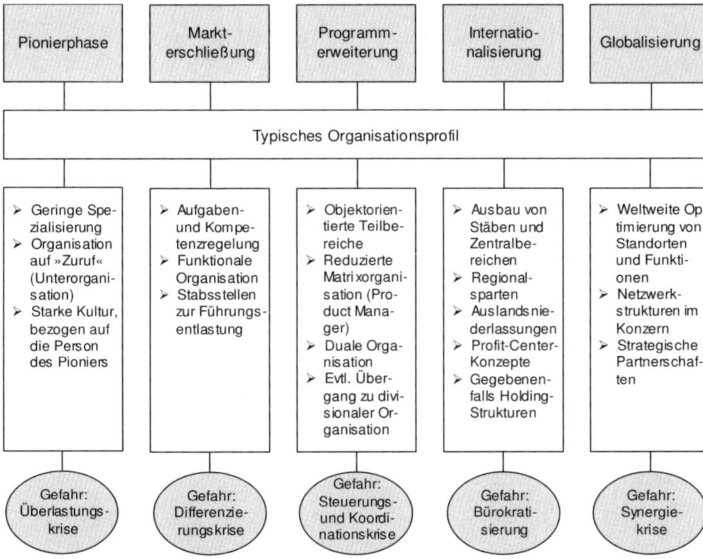


Abb. 45: Unternehmensentwicklung und Organisationsprofile (Quelle: Krüger, Wilfried, Organisation, in: Bea, Franz Xaver; Friedl, Birgit; Schweitzer, Marcell, Allgemeine Betriebswirtschaftslehre, Bd. 2, 9. Aufl., Stuttgart 2005, S. 212)

## 2.3 Personalwirtschaft

### 2.3.1 Grundlagen der betrieblichen Personalwirtschaft

Wie in Abb. 5 dargelegt, wird menschliche Arbeitskraft in Unternehmen sowohl als ausführende Arbeit als auch als führende, organisatorische Arbeit eingesetzt. Mit der Gestaltung dieses gesamten Bereichs beschäftigt sich die betriebliche Personalwirtschaft, deren Kernaufgaben in der **Bereitstellung** und dem **zielorientierten Einsatz** des Personals liegen:

Abb. 46: Ziele der Personalwirtschaft (Quelle: Wagner, Karl; Bartscher, Thomas; Nowak, Ulrich, Praktische Personalwirtschaft, Wiesbaden 2002, S. 14)

Die betriebliche Personalwirtschaft hat zwei Prinzipien gerecht zu werden: einerseits dem **Wirtschaftlichkeitsprinzip**, in dessen Zentrum ein möglichst günstiges Verhältnis von **Personalkosten** zur **Personalleistung** steht (wirtschaftliche Ziele; z. B. Senkung von Personalkosten, qualifikationsbezogener Einsatz des Personals). Andererseits darf das **Humanitätsprinzip** nicht missachtet werden, das soziale Ziele in den Vordergrund stellt und den arbeitenden Menschen adäquate Rahmenbedingungen gewährleisten soll. Dazu zählen beispielsweise die Gestaltung von **Arbeitsplätzen**, der **Arbeitszeit**, der **Personalentlohnung**, **-entwicklung** und **-führung**. Als **Kernaufgaben** der Personalwirtschaft ergeben sich somit:

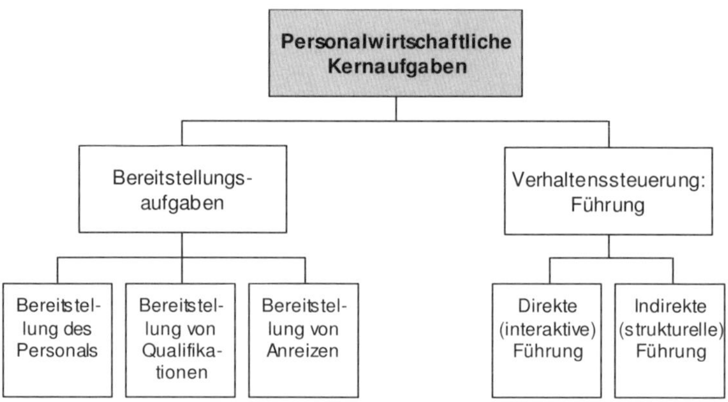


Abb. 47: Kernaufgaben der Personalwirtschaft (Abb. in Anlehnung an: Weber, Wolfgang; Kabst, Rüdiger, Einführung in die BWL, 6. Aufl., Wiesbaden 2006, S. 167)

Die zentralen Aufgabenfelder Personalbereitstellung und Führung werden im Folgenden näher erläutert.

## 2.3.2 Personalbedarfsanalyse

Im Vorfeld der Bereitstellung des Personals zur Erfüllung dispositiver und exekutiver unternehmerischer Aufgaben muss zunächst der tatsächliche **Personalbedarf** in **quantitativer** und **qualitativer** Hinsicht analysiert werden. Dieser Bedarf konkretisiert sich in Anzahl und Qualifikation der benötigten Mitarbeiter. Als **Personalbruttobedarf** bezeichnet man die vom Unternehmen benötigte **Gesamtheit** der Arbeitskräfte. Zieht man vom Bruttobedarf den vorhandenen Personalbestand ab, ergibt sich der **Personalnettobedarf**. Wesentliche Determinanten des Personalbedarfs liegen im **Leistungsprogramm** des Unternehmens (Umfang und Struktur der zu erstellenden Leistungen), im **Arbeitszeitbedarf** pro Leistungseinheit und in der zur Verfügung stehenden **Arbeitszeit** begründet. Hinzu kommen Einflussgrößen wie Technologie, Organisation oder Rechtsordnung. Vereinfacht lässt sich der Personalbedarf anhand einer allgemeinen **Personalbedarfsformel** ermitteln:

$$\text{Personalbedarf} = \frac{\text{Anzahl der zu erbringenden Leistungseinheiten pro Periode} \times \text{Arbeitszeitbedarf pro Leistungseinheit}}{\text{Arbeitszeit pro Arbeitskraft und Periode}}$$

Abb. 48: Ermittlung des Personalbedarfs (Quelle: Kossbiel, Hugo, Personalwirtschaft, in: Bea, Franz Xaver; Friedl, Birgit; Schweitzer, Marcell, Allgemeine Betriebswirtschaftslehre, Bd. 3, 9. Aufl., Stuttgart 2006, S. 544)

### 2.3.3 Personalbeschaffung und Personalauswahl

Um den ermittelten Personalbedarf zu decken, können vielfältige **interne** und **externe Personalbeschaffungsmaßnahmen** eingesetzt werden:

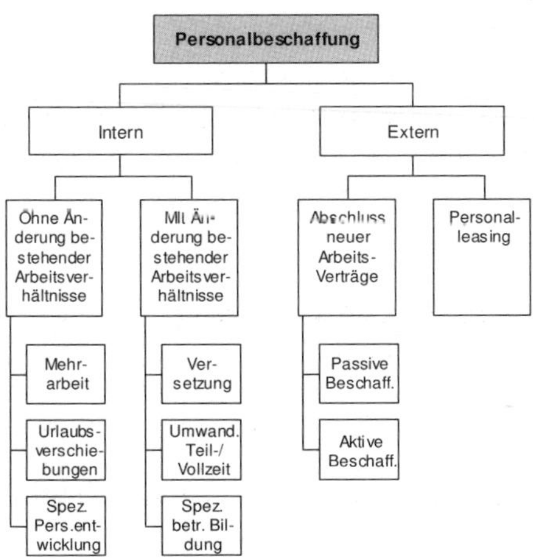


Abb. 49: Personalbeschaffungsmaßnahmen (Abb. in Anlehnung an: Hentze, Joachim, Personalbeschaffung, in: Gaugler, Eduard; Weber, Wolfgang (Hrsg.): Handwörterbuch des Personalwesens, 2. Aufl., Stuttgart 1992, Sp. 1902)

**Interne** Beschaffungsmaßnahmen beziehen sich auf den bereits im Unternehmen **vorhandenen** Personalbestand. Das Finden geeigneter Arbeitskräfte kann z. B. mittels der **innerbetrieblichen Stellenausschreibung** erfolgen, um auf diesem Wege über den »**internen Arbeitsmarkt**« Mitarbeitern aus den eigenen Reihen Chancen zur Stellenbesetzung zu ermöglichen. Zu beachten ist in diesem Zusammenhang u. a. § 93 des Betriebsverfassungsgesetzes (BetrVG), nach dem der Betriebsrat verlangen kann, dass zu besetzende Arbeitsplätze innerhalb des Betriebes ausgeschrieben werden. **Mehrarbeit**, eine Verlängerung der Arbeitszeit, kann sich auf einzelne, mehrere oder alle Arbeitskräfte beziehen (z. B. Überstunden, Sonderschichten, Verlängerung der betrieblichen Arbeitszeit). Unter **Versetzung** versteht man die Zuweisung eines anderen Arbeitsbereiches, die voraussichtlich die Dauer eines Monats überschreitet (§ 95 BetrVG). Spezielle Maßnahmen der betrieblichen Bildung bzw. Personalentwicklung können Aus- und Fortbildung sowie Umschulungen betreffen.

Die **externe Personalbeschaffung** bezieht sich auf Beschaffungsmaßnahmen, mit denen Mitarbeiter von **außerhalb** des Unternehmens gefunden werden sollen. Im Rahmen **passiver** Beschaffungsaktivitäten könnten z. B. verstärkt Stellenangebote in Tageszeitungen ausgewertet werden. **Aktive** Beschaffungsmaßnahmen bestünden beispielsweise im Einschalten von Personalberatern zur Personalakquisition. Mittels **Personalleasing** lassen sich befristete Arbeitnehmerüberlassungen von externen Dritten (z. B. Zeitarbeitsfirmen) realisieren. Im Einzelnen stehen verschiedene Beschaffungswege zur Verfügung (*Wagner/Bartscher/ Nowak*):

| **Externe Personalbeschaffungswege** |
| --- |
| ➢ Arbeitsvermittlung: durch die Bundesagentur für Arbeit oder private Arbeitsvermittler<br>➢ Stellenanzeigen: Stellengesuche von Bewerbern und Stellenangebote von Unternehmen<br>➢ Arbeitnehmerüberlassung: selbstständige Unternehmer verleihen Arbeitnehmer an Dritte<br>➢ Personalberater: externe Unternehmen, die auf die Suche und Auswahl von Führungskräften spezialisiert sind<br>➢ Abwerbung: direktes Ansprechen ungekündigter Arbeitnehmer; Headhunting |

Abb. 50: Externe Personalbeschaffungswege

Durch Verfahren der **Personalauswahl** soll aus dem Kreis der Bewerber derjenige ermittelt werden, bei dem die Anforderungen an die zu besetzende Stelle und die Qualifikationen am besten zusammen passen. Der Auswahlprozess vollzieht sich häufig **mehrstufig**. Im Rahmen einer **Vorauswahl** werden eindeutig nicht in Frage kommende Bewerber ausgesondert. Geprüft werden u. a. Bewerbungsschreiben, Lichtbild, Zeugnisse, Lebenslauf. Anschließend folgen **Vorstellungsgespräche**, **Einstellungsinterviews** und **Eignungstests**. Seit einigen Jahren werden zudem häufig – vor allem in größeren Unternehmen – **Assessment-Center**, d. h. ein- oder mehrtägige Beurteilungsseminare für Gruppen von Bewerbern, eingesetzt.

### 2.3.4 Personaleinsatz, Personalführung und Personalverwaltung

**Personaleinsatz** bezeichnet die **Zuordnung** von Mitarbeitern zu den verfügbaren Stellen im Unternehmen. Zeitpunktbezogen umfasst der Personaleinsatz die **qualitative** (Berücksichtigung der Fähigkeiten), **quantitative** (Abgleich Stellen-/Mitarbeiteranzahl) und **zeitliche** Zuordnung (Zeiten des Mitarbeitereinsatzes). Hier lassen sich Überschneidungen zur Prozessorganisation (vgl. Kapitel 2.2) erkennen.

Mit Hilfe von Maßnahmen der Personalführung soll die zielorientierte Lenkung und Steuerung des Unternehmens auf den einzelnen hierarchischen Ebenen umgesetzt werden. Die Art und Weise, wie Vorgesetzte ihnen unterstellte Mitarbeiter führen, wird als **Führungsstil** bezeichnet. Folgende (eindimensionale, d. h. auf ein einzelnes Beurteilungskriterium bezogene) Führungsstile werden unterschieden:

| **Führungsstile** | | | | | | |
|---|---|---|---|---|---|---|
| Autoritär | Patriarchalisch | Informierend | Beratend | Kooperativ | Partizipativ | Demokratisch |
| Vorgesetzter entscheidet, setzt notfalls mit Zwang durch | Vorgesetzter entscheidet, setzt mit Manipulation durch | Vorgesetzter entscheidet, setzt mit Überzeugung durch | Vorgesetzter informiert, Meinungsäußerung der Betroffenen | Gruppe entwickelt Vorschläge, Vorgesetzter wählt aus | Gruppe entscheidet in vereinbartem Rahmen autonom | Gruppe entscheidet autonom, Vorgesetzter als Integrator/Koordinator |

Abb. 51: Führungsstile (Quelle: Weber, Wolfgang; Kabst, Rüdiger, Einführung in die BWL, 6. Aufl., Wiesbaden 2006, S. 188)

Die Tätigkeitsfelder der Personalwirtschaft waren im Laufe der vergangenen Jahrzehnte einem steten Wandel unterworfen:

| Zeiträume | Bis ca. 1960 | Ca. 1960 bis Ende der 80er Jahre | Bis ca. 1985 | Ab den 90er Jahren |
|---|---|---|---|---|
| Tätigkeitsfelder | ➢ Beschaffen<br>➢ Auslesen<br>➢ Einstellen<br>➢ Betreuen<br>➢ Entlassen | ➢ Personalorganisation<br>➢ Personaleinsatzsteuerung<br>➢ Personalbeurteilung<br>➢ Personalbewertung<br>➢ Personalinformation<br>➢ Ausbildung<br>➢ Entgeltpolitik | ➢ Personalplanung<br>➢ Personalentwicklung<br>➢ Personalführung<br>➢ Arbeitsgestaltung<br>➢ Organisationsentwicklung<br>➢ Personalmarketing<br>➢ Personalcontrolling<br>➢ Internat. Personalarbeit | ➢ Lean Management<br>➢ Karriereplanung<br>➢ Benchmarking<br>➢ Management Development<br>➢ Performance Improvement etc. |
| Charakter | Verwalten | Betreuen | Entwickeln | Gestalten |
| Entwicklungsphasen | Administrationsphase | Legitimationsphase | Integrationsphase | Konsolidierungsphase |

Abb. 52: Entwicklungsphasen der Personalwirtschaft (Abb. in Anlehnung an: Wagner, Karl; Bartscher, Thomas; Nowak, Ulrich, Praktische Personalwirtschaft, Wiesbaden 2002, S. 7)

Die **Personalverwaltung** umfasst alle **administrativen**, **routinemäßigen** Tätigkeiten auf dem Gebiet der Personalwirtschaft. Dazu zählen insbesondere Aufgaben aus den Bereichen (*Olfert*):

| **Aufgaben der Personalverwaltung** |
|---|
| ➢ **Personalbeschaffung**, z. B. Ausfertigung von Arbeitsverträgen |
| ➢ **Personaleinsatz**, z. B. Erfassung/Kontrolle entgeltbezogener Daten |
| ➢ **Entlohnung**, z. B. Ermittlung der Brutto- und Nettolöhne |
| ➢ **Personalbetreuung**, z. B. Abwicklung der Betriebskrankenkasse |
| ➢ **Personalentwicklung**, z. B. Anmeldung zu Fortbildungsseminaren |
| ➢ **Freistellung**, z. B. Ausfertigung von Kündigungsschreiben |

Abb. 53: Aufgaben der Personalverwaltung

## 2.3.5 Personalentlohnung, -beurteilung und -entwicklung

Die **Personalentlohnung** befasst sich mit Maßnahmen der **Bereitstellung finanzieller Leistungen** an die Mitarbeiter eines Unternehmens. Die Vergütung der Arbeitsleistungen kann dabei in Form von **Geld** (Löhne, Zulagen etc.) oder **geldwerten Leistungen** (z.B. privat nutzbarer Dienstwagen) erfolgen. Das Gebiet der Personalentlohnung ist ein potenziell **konfliktträchtiger** Bereich, da es »den gerechten« Lohn nicht gibt. Der individuell anforderungsbezogene Lohn hängt von zahlreichen Faktoren ab:

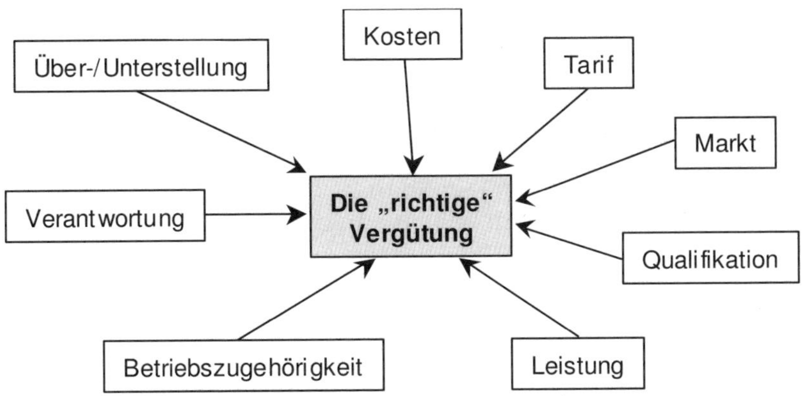


Abb. 54: Lohnfindung (Abb. in Anlehnung an: Wagner, Karl; Bartscher, Thomas; Nowak, Ulrich, Praktische Personalwirtschaft, Wiesbaden 2002, S. 7)

Zu den **Lohnformen** zählen Zeitlohn, Akkordlohn und Prämienlohn. Im Rahmen des **Zeitlohns** wird nach der Dauer der geleisteten **Arbeitszeit** (z. B. das für einen Monat gezahlte Gehalt eines Angestellten) entlohnt. Der Zeitlohn ist kein direkter Leistungslohn, allerdings sind an die Entlohnung sehr wohl **Leistungserwartungen** seitens des Arbeitgebers geknüpft. Beim **Akkordlohn** (in den Varianten **Stückakkord** [Lohn = Leistungsmenge x Akkordsatz] und **Zeitakkord** [Lohn = Leistungsmenge x Vorgabezeit x Minutenfaktor]) wird die geleistete Arbeitsmenge entlohnt. Beim **Prämienlohn** kommt zum Grundlohn, der häufig ein Zeitlohn ist, eine Prämie hinzu. Eine Prämie kann z. B. für Mengenleistungen oder für besondere Qualität der Arbeitsleistung gezahlt werden.

Im Zuge der **Personalbeurteilung** soll ein möglichst objektives Bild vom beurteilten Mitarbeiter abgegeben werden. Die Beurteilung des Personalverhaltens vollzieht sich in der Regel in zwei Schritten:

(1) Feststellung von Abweichungen bzw. Übereinstimmungen zwischen dem vom Unternehmen erwarteten und dem tatsächlichen Verhalten (Soll-/Ist-Vergleich)

(2) Abweichungsanalyse, d. h. Ermittlung der Ursachen für relevante Abweichungen.

Die Beurteilung orientiert sich in der Praxis an zahlreichen Kriterien, die sich vereinfacht wie folgt darstellen lassen:

| Kriterien / Merkmale | Arbeitsverhalten | Verhalten gegenüb. Kollegen/ Vorgesetzten | Führungsverhalten | Geistige Anlagen | Persönl. Auftreten |
|---|---|---|---|---|---|
| ➢ Leistung<br>➢ Belastbarkeit<br>➢ Fähigkeit<br>➢ Persönlichkeit | | | | | |

Abb. 55: Kriterien der Personalbeurteilung (Quelle: Wagner, Karl; Bartscher, Thomas; Nowak, Ulrich, Praktische Personalwirtschaft, Wiesbaden 2002, S. 140)

Zur **Personalentwicklung** zählen alle Maßnahmen zur Erhaltung und Verbesserung der Qualifikation von Mitarbeitern. Je nach Verständnis wird der Begriff weiter oder enger ausgelegt (Abb. 56).

| Personalentwicklung | | |
|---|---|---|
| **Personalbildung** | **Personalförderung** | **Organisationsentwicklung** |
| Basisaufgabe der Personalentwicklung<br>↓<br>**Immer** Teil der Personalentwicklung | Zusatzaufgabe der Personalentwicklung<br>↓<br>**Oft** Teil der Personalentwicklung | Gestaltung des organisatorischen Wandels<br>↓<br>**Mitunter** Teil der Personalentwicklung |
| **Personalentwicklung im engen Sinne** | | |
| **Personalentwicklung im weiteren Sinne** | | |
| **Personalentwicklung im weitesten Sinne** | | |

Abb. 56: Definitionsbreite des Begriffes Personalentwicklung (Abb. in Anlehnung an: Olfert, Klaus, Personalwirtschaft, 12. Aufl., Ludwigshafen 2006, S. 376)

Zur **Personalbildung** zählen Maßnahmen der Aus- und Fortbildung sowie der Umschulung. **Personalförderungsmaßnahmen** sollen die Mitarbeiter in ihrer **persönlichen Entwicklung** im Unternehmen fördern, hierzu zählen z. B. die **individuelle Laufbahnplanung**, das **Job enlargement** (Aufgabenerweiterung um qualitativ gleich- oder ähnlichwertige Aufgaben) oder das **Job enrichment** (Hinzufügen qualitativ höherwertiger Aufgaben). Im Falle der weitesten Begriffsauslegung ergeben sich Überschneidungen zur Organisationsentwicklung (vgl. Kapitel 2.2.4).

## 2.4 Information

### 2.4.1 Beschaffung, Aufbereitung und Präsentation von Informationen

Als **Informationen** bezeichnet man in der BWL Datenmengen, die im Lichte von Entscheidungen zusammengeführt sowie strukturiert werden und dadurch eine Bedeutung erhalten (*Zahn*). Sie sind von zentraler Bedeutung für Unternehmen und werden dort im Rahmen des **Informationsmanagements** beschafft, aufbereitet und präsentiert.

Zur Versorgung der Führungskräfte mit relevanten Informationen und Unterstützung von Entscheidungsprozessen werden in der Praxis häufig rechnerbasierte Informationssysteme eingesetzt, die man als **Managementinformationssysteme** (**MAIS/MIS**) oder **Managementunterstützungssysteme** (**MUS**) bezeichnet.

### 2.4.2 Rechnungswesen als Informationssystem

Das betriebliche Rechnungswesen ist ein zentraler Bestandteil des Informationssystems von Unternehmen:

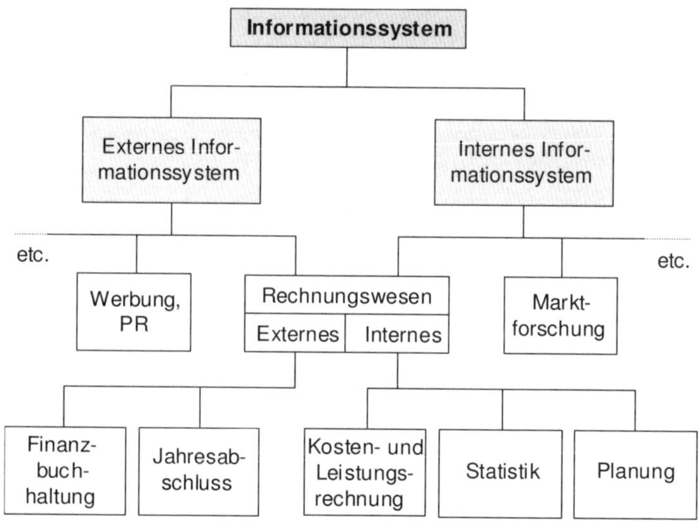


Abb. 57: Externes und internes Informationssystem (Abb. in Anlehnung an: Götzinger, Manfred K.; Michael, Horst, Kosten- und Leistungsrechnung, 5. Aufl., Heidelberg 1990, S. 20)

Die **Aufgabe** des Rechnungswesens liegt darin, **Informationen** über betriebliche Aktivitäten und über Beziehungen des Unternehmens zur Umwelt zu sammeln, aufzubereiten und zur Verfügung zu stellen. Zur Befriedigung der unterschiedlichen Informationsbedürfnisse externer und interner Adressaten haben sich **zwei Varianten** des Rechnungswesens herausgebildet. Das **interne Rechnungswesen** stellt Informationen z.B. der Geschäftsleitung oder dem Vertrieb zur Verfügung, das **externe Rechnungswesen** liefert Informationen z. B. an Gesellschafter, Kreditgeber oder den Staat. Abbildung 58 zeigt internes und externes Rechnungswesen im Vergleich:

| Kriterium | Externes Rechnungswesen | Internes Rechnungswesen |
|---|---|---|
| Adressaten | Kapitalgeber (EK, FK), Fiskus, Arbeitnehmer(-vertreter), regionale Institutionen, Kommunen, Unternehmensleitung | Unternehmensleitung, Unternehmensbereiche, Unternehmensangehörige auf verschiedenen Ebenen |
| Informationsgegenstand | Erfassen von Vorgängen finanzieller Art zwischen dem Unternehmen und seiner Umwelt | Abbilden des Verzehrs von Produktionsfaktoren und der Entstehung von Leistungen |
| Rechnungsziel | Vergangenheitsorientierte Dokumentation und Rechenschaftslegung | Planung, Steuerung und Kontrolle des Betriebsgeschehens |
| Reglementierung | Umfangreiche handels- und steuerrechtliche Regeln, handels- und steuerrechtliche Aspekte | Kaum gesetzliche Vorschriften, Zweckorientierung, BWL-Aspekte |
| Erfassungsbereich | Gesamtes wirtschaftliches Unternehmensgeschehen | Beschränkung auf den Betrieb |
| Zeithorizont | I.d.R. jährlich | Kürzere Perioden |
| Rechnungsgröße | Pagatorische Kosten (zahlungsbezogen) | Wertmäßige Kosten |
| Bezugsgrößen | Perioden (GuV) und Zeitpunkte (Bilanz) | Perioden und Produkte |
| Zeitbezug | Ex-post-Rechnung | Ex-ante- und ex-post-Rechnung |

Abb. 58: Vergleich externes und internes Rechnungswesen (in Anlehnung an: Manz, Klaus; Dahmen, Andreas, Kostenrechnung, 3. Aufl., München 2001, S. 4)

Die beiden Teilgebiete werden in den Kapiteln 2.4.3 Jahresabschluss (externes Rechnungswesen) und 2.4.4 Kostenrechnung (als Teil des internen Rechnungswesens) näher erläutert.

Aufgrund unterschiedlicher Ziele und Schwerpunktsetzungen des internen und externen Rechnungswesens haben sich in beiden Systemen auch unterschiedliche Rechengrößen herausgebildet. Während im Rahmen der **Finanzbuchführung** (Geschäftsbuchführung) mit den

Begriffspaaren **Auszahlung/Einzahlung**, **Ausgabe/Einnahme** und **Aufwand/ Ertrag** gearbeitet wird, kommen im Rahmen der **Betriebsbuchführung** (**Kosten- und Leistungsrechnung**) die Größen **Kosten/Leistungen** zum Ansatz:

| **Stromgrößen** (zeitraumbezogen) | | **Bestandsgrößen** (zeitpunktbezogen) |
|---|---|---|
| **Abfluss/Verzehr von Mitteln/Gütern** | **Zufluss/Entstehung von Mitteln /Gütern** | |
| **Auszahlung** Abfluss von liquiden Mitteln in einer Periode | **Einzahlung** Zufluss von liquiden Mitteln in einer Periode | **Liquide Mittel** (Bargeld und Buchgeld) |
| **Ausgabe** Abfluss von liquiden Mitteln + Schuldenzunahme + Forderungsabnahme in einer Periode | **Einnahme** Zufluss von liquiden Mitteln + Schuldenabnahme + Forderungszunahme in einer Periode | |
| **Aufwand** Nach gesetzlichen Regeln bewerteter Güterverzehr in einer Periode | **Ertrag** Nach gesetzlichen Regeln bewertete Güterentstehung in einer Periode | **Gewinn** |
| **Kosten** Mengenmäßiger leistungsbezogener bewerteter Güterverzehr einer Periode | **Leistung** Leistungsbezogene bewertete Güterentstehung in einer Periode | **Betriebsergebnis** |

Abb. 59: Grundbegriffe des Rechnungswesens

### 2.4.3 Jahresabschluss

Gemäß § 238 HGB ist jeder Kaufmann verpflichtet, Bücher zu führen und in diesen seine Handelsgeschäfte und die **Lage seines Vermögens** nach den **Grundsätzen ordnungsmäßiger Buchführung** ersichtlich zu machen (GoB; diese Grundsätze sind nicht abschließend gesetzlich festgeschrieben, sondern werden permanent fortentwickelt; hierzu gehören z. B. die Grundsätze der Wahrheit, Klarheit, Vollständigkeit).

Die Buchführung muss dabei so beschaffen sein, dass sie einem sachverständigen Dritten innerhalb einer angemessenen Zeit einen Überblick über die Geschäftsvorfälle und die Lage des Unternehmens vermitteln kann. Ferner ist in § 264 (2) HGB geregelt, dass der Jahresabschluss von Kapitalgesellschaften unter Beachtung der GoB ein den tatsächlichen Verhältnissen entsprechendes Bild der **Vermögens-, Finanz- und Ertragslage** der Gesellschaft vermitteln soll. Daraus lassen sich im Wesentlichen folgende Funktionen des Jahresabschlusses ableiten:

**Funktionen des Jahresabschlusses**

- Gewinnermittlungs-, Ausschüttungsfunktion:
  Ergebnisermittlung als Grundlage der Gewinnverwendung, Gewinnverteilung an die Gesellschafter, Besteuerungsgrundlage
- Informationsfunktion:
  Selbstinformation der Eigentümer und Geschäftsführer, Rechnungslegung gegenüber Gesellschaftern und Dritten, Gläubigerschutz
- Dokumentationsfunktion

Abb. 60: Funktionen des Jahresabschlusses

Der Jahresabschluss besteht aus der **Bilanz**, der **Gewinn- und Verlustrechnung (GuV)** und gegebenenfalls dem **Anhang** (§ 242 HGB, § 264 (1) HGB). In bestimmten Fällen ist außerdem noch ein **Lagebericht** anzufertigen (§ 289 HGB):

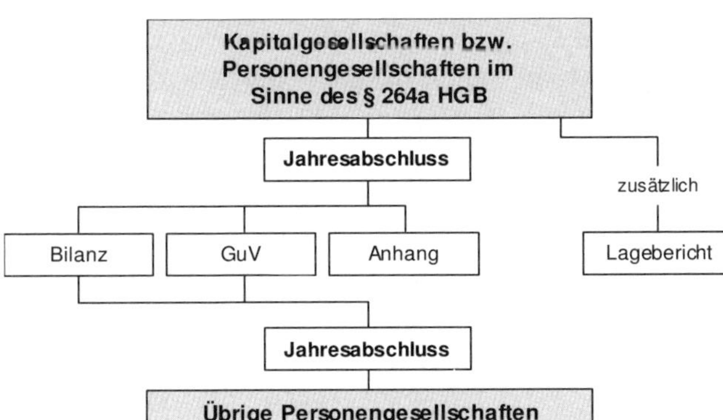


Abb. 61: Bestandteile des Jahresabschlusses (Abb. in Anlehnung an Gräfer, Horst; Sorgenfrei, Christiane, Rechnungslegung, 2. Aufl., Berlin 2002, S. 11)

Die **Bilanz** wird in **Kontenform** zu einem Stichtag erstellt. Sie hat zwei Seiten, die **Aktivseite** (linke Seite; **Aktiva**) und die **Passivseite** (rechte Seite; **Passiva**). Auf der Aktivseite (Vermögensseite) steht das **Vermögen** des Unternehmens, geordnet nach zunehmender Liquidität. Auf der Passivseite (Kapitalseite) steht das im Unternehmen investierte **Gesamtkapital**, geordnet nach der Dringlichkeit der Zahlung (Fälligkeit) und der Rechtsstellung der Kapitalgeber (Eigen- und Fremdkapital). Die Passivseite weist die **Mittelherkunft** aus, die Aktivseite gibt Auskunft über die **Mittelverwendung**. Das Eigenkapital ergibt sich als Differenz aus Vermögen und Fremdkapital. Die Bilanz ist somit **immer ausgeglichen**. Es ergibt sich folgende Grundstruktur:

| **Aktiva**     **Bilanz** | **Passiva** |
|---|---|
| Anlagevermögen | Eigenkapital |
| Umlaufvermögen | Fremdkapital |

Abb. 62: Grundstruktur einer Bilanz

In der unternehmerischen Praxis sind Bilanzen wesentlich detaillierter und nach handels- und steuerrechtlichen Vorschriften zu erstellen. Die Gliederung der Bilanz nach HGB (§ 266) sieht - vereinfacht - wie in Abb. 63 aus.

Auf der **Aktivseite** werden als **Anlagevermögen** diejenigen Wirtschaftsgüter bezeichnet, die **dauerhaft** im Unternehmen verbleiben sollen. Dazu zählen immaterielle Vermögensgegenstände (z. B. Patente), Sachanlagen (z. B. Maschinen) und Finanzanlagen (z. B. Beteiligungen an anderen Unternehmen). Zum **Umlaufvermögen** zählen diejenigen Wirtschaftsgüter, die **nicht** zum **Anlagevermögen** gehören, wie Vorräte (z. B. Rohstoffe), Forderungen (Ansprüche auf Leistungen), Wertpapiere (z. B. kurzfristig gehaltene Aktien) und die liquiden Mittel.

| Aktiva | Bilanz | Passiva |
| --- | --- | --- |
| A. Anlagevermögen:<br>I. Immaterielle Vermögensgegenstände<br>II. Sachanlagen<br>III. Finanzanlagen | | A. Eigenkapital:<br>I. Gezeichnetes Kapital<br>II. Kapitalrücklage<br>III. Gewinnrücklagen<br>IV. Gewinnvortrag/Verlustvortrag<br>V. Jahresüberschuss/Jahresfehlbetrag |
| B. Umlaufvermögen<br>I. Vorräte<br>II. Forderungen und sonstige Vermögensgegenstände | | B. Rückstellungen |
| III. Wertpapiere<br>IV. Kassenbestand, Bundesbankguthaben, Guthaben bei Kreditinstituten und Schecks | | C. Verbindlichkeiten |
| C. Rechnungsabgrenzungsposten | | D. Rechnungsabgrenzungsposten |

Abb. 63: Bilanzgliederung nach § 266 HGB (verkürzte Darstellung)

**Rechnungsabgrenzungsposten** auf der Aktiv- bzw. Passivseite ( § 250 HGB) dienen der periodengerechten Erfolgsermittlung. Mittels dieser Posten werden in bestimmten Fällen Aufwendungen und Erträge den einzelnen Geschäftsjahren durch Abgrenzung zugerechnet (z. B. Versicherungsprämien, die im Voraus bezahlt wurden: in diesem Fall liegt die Ausgabe **vor** dem Bilanzstichtag, der Aufwand **nach** dem Stichtag).

Das auf der **Passivseite** der Bilanz ausgewiesene Kapital stellt die Summe der durch die Eigentümer zur Verfügung gestellten Mittel (**Eigenkapital**) und aller Schulden des Unternehmens (**Fremdkapital**) dar; es ist der rechnerische Ausdruck dafür, wie viel Vermögen in das Unternehmen eingebracht wurde. Im Gegensatz zu Einzelunternehmen und Personengesellschaften, die grundsätzlich ein **variables Eigenkapitalkonto** führen (Gewinn/Verlust werden direkt dem Eigenkapitalkonto zugewiesen), findet sich bei Kapitalgesellschaften unter der

Position des **Eigenkapitals** das **Gezeichnete Kapital**, das man bei der AG als **Grundkapital** (mindestens 50.000,- € [§ 7 Aktiengesetz]) und bei der GmbH als **Stammkapital** (mindestens 25.000,- € [§ 5 GmbH-Gesetz]) bezeichnet (konstantes Kapitalkonto). Das gezeichnete Kapital ist dasjenige Kapital, auf das die Haftung der Gesellschafter gegenüber den Gläubigern beschränkt ist. **Kapitalrücklagen** (§ 272 (2) HGB) enthalten alle Mittel, die der Gesellschaft über das gezeichnete Kapital hinaus von außen als Eigenkapital zugeführt werden (z. B. das **Agio**; bei Aktien die Differenz zwischen Ausgabekurs und Nennwert). Einbehaltene (thesaurierte) Gewinne werden in den **Gewinnrücklagen** (§ 272 (3) HGB) ausgewiesen. Der Posten **Gewinnvortrag** enthält den nicht ausgeschütteten Teil des Bilanzgewinnes, der weder den Rücklagen zugeführt noch anderweitig verwendet worden ist; es handelt sich jeweils um den Gewinn-/Verlustvortrag des Vorjahres. Er ist mit positivem oder negativem Vorzeichen auszuweisen und erhöht bzw. vermindert das Eigenkapital. Der **Jahresüberschuss/Jahresfehlbetrag** als Saldogröße zwischen den Erträgen und Aufwendungen einer Periode wird aus der GuV in die Bilanz übernommen. **Rückstellungen** und **Verbindlichkeiten** bilden das **Fremdkapital**. **Verbindlichkeiten** sind Schulden gegenüber Dritten. Sie stehen als Verpflichtungen des Unternehmens am Bilanzstichtag ihrer Höhe und ihrer Fälligkeit nach fest. **Rückstellungen** (§ 249 HGB) sind dem Grunde und/oder der Höhe nach ungewisse Verbindlichkeiten (Schätzung erforderlich).

**Wichtig**: Rückstellungen (Fremdkapital) und Rücklagen (Eigenkapital) dürfen nicht miteinander verwechselt werden!

Im Gegensatz zur stichtagsbezogenen Bilanz (Rechnung mit Bestandsgrößen) stellt die **Gewinn- und Verlustrechnung** als **Erfolgsrechnung** eine **zeitraumbezogene** Rechnung (Stromgrößenrechnung) dar. In der GuV werden alle **Erträge** und **Aufwendungen** einer Periode systematisch einander gegenübergestellt (unsaldiert). Nach § 275 (1) HGB ist sie in Staffelform (siehe unten) aufzustellen. Bei der Aufstellung kann zwischen dem Gesamtkosten- und dem Umsatzkostenverfahren gewählt werden (hier wird nur das Gesamtkostenverfahren gezeigt):

| Gewinn- und Verlustrechnung nach dem **Gesamtkostenverfahren** | | |
|---|---|---|
| 1. | | Umsatzerlöse |
| 2. | ± | Bestandsveränderungen an fertigen und unfertigen Erzeugnissen |
| 3. | + | andere aktivierte Eigenleistungen |
| 4. | + | sonstige betriebliche Erträge |
| 5. | - | Materialaufwand |
| 6. | - | Personalaufwand |
| 7. | - | Abschreibungen |
| 8. | - | sonstige betriebliche Aufwendungen |
| 9. | + | Erträge aus Beteiligungen, davon aus verbundenen Unternehmen |
| 10. | + | Erträge aus anderen Wertpapieren und Ausleihungen des Finanzanlagevermögens, davon aus verbundenen Unternehmen |
| 11. | + | sonstige Zinsen und ähnliche Erträge, davon aus verbundenen Unternehmen |
| 12. | - | Abschreibungen auf Finanzanlagen und auf Wertpapiere des Umlaufvermögens |
| 13. | - | Zinsen und ähnliche Aufwendungen, davon an verbundene Unternehmen |
| **14.** | = | **Ergebnis der gewöhnlichen Geschäftstätigkeit** |
| 15. | | außerordentliche Erträge |
| 16. | | außerordentliche Aufwendungen |
| **17.** | ± | **außerordentliches Ergebnis** |
| 18. | - | Steuern vom Einkommen und vom Ertrag |
| 19. | - | sonstige Steuern |
| **20.** | = | **Jahresüberschuss/Jahresfehlbetrag** |

Abb. 64: Grundschema der Gliederung der Gewinn- und Verlustrechnung nach dem Gesamtkostenverfahren nach § 275 HGB (leicht veränderte, z.T. verkürzte Darstellung)

Im **Anhang** (§ 284 HGB) als dem dritten Bestandteil des Jahresabschlusses werden einzelne Positionen der Bilanz und GuV eingehender erläutert oder ergänzende Darstellungen vorgenommen.

Der **Lagebericht** dient gemäß § 289 (1) HGB dazu, die Lage des Unternehmens so darzustellen, dass ein den tatsächlichen Verhältnissen entsprechendes Bild vom Unternehmen vermittelt wird; hierzu zählen auch Risiken der künftigen Entwicklung.

Die Rechnungslegung von Unternehmen befindet sich derzeit in einer Phase des Umbruchs: seit dem Jahr 2005 sind alle kapitalmarktorientierten EU-Unternehmen bis auf wenige Ausnahmen verpflichtet, ihren Konzernabschluss gemäß den **IAS** (**International Accounting Standards**), inzwischen als **IFRS** (**International Financial Reporting Standards**) bezeichnet, zu erstellen. Auch nicht kapitalmarktorientierte Unternehmen können künftig ihren Konzernabschluss nach IAS/IFRS vornehmen (selbst Einzelabschlüsse sind nach IAS/ IFRS möglich, zusätzlich zum zwingenden Abschluss nach HGB). Die IAS/IFRS wurden vor dem Hintergrund der zunehmenden Globalisierung zur Vereinheitlichung der internationalen Rechnungslegung entwickelt. Das Regelwerk der IAS/IFRS besteht aus drei Teilbereichen: **Framework**, **Standards** und **Interpretations**:

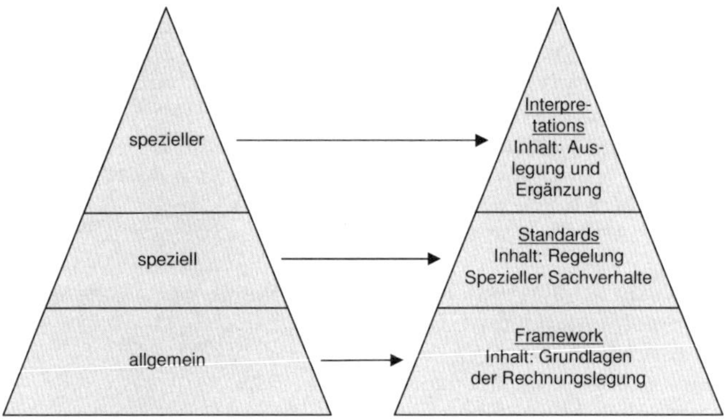


Abb. 65: Aufbau der IAS (vgl. Wöltje, Jörg, IAS/IFRS, Planegg 2004, S. 10)

Die folgende Übersicht zeigt Hauptunterschiede der Rechnungslegung nach HGB und IAS/IFRS auf:

| **Unterschiede der Rechnungslegung** | | |
|---|---|---|
| **Kriterium** | **HGB** | **IAS/IFRS** |
| Rechnungslegungszweck | Gläubigerschutzprinzip und Kapitalerhaltung | Anlegerschutz, investor-orientierte Zielsetzung |
| Hauptadressat | Fremdkapitalgeber (kreditorientierte Rechnungslegung) | Eigenkapitalgeber (kapitalmarktorientierte Rechnungslegung) |
| Benötigte Informationen | Für Gläubiger ist die Gewinn- und Vermögenssituation wichtig | Zukünftige, geplante Einzahlungsüberschüsse, wirtschaftliche Lage des Unternehmens |
| Rechnungslegungsziel | Durch Vorsichtsprinzip verminderter Erfolgsausweis und dadurch Erhaltung der Haftungsmasse für den Gläubiger | Bereitstellung von besseren Informationen für wirtschaftliche Entscheidungen der Investoren, d.h. die periodengerechte Erfolgsermittlung ist bestimmend |

| | | |
|---|---|---|
| Steuerliche Einflüsse | Maßgeblichkeitsprinzip als Ausgangsbasis für die Steuerbilanz | Keine unmittelbare Bindung zum Steuerrecht |
| Generalklausel | Berücksichtigung des Vorsichtsprinzips | Grundsatz der fair presentation, kein Abweichen von den Einzelvorschriften möglich |
| Gewinnermittlung | Vorsichtig, verlustantizipierend, (umgekehrte) Maßgeblichkeit, Ansatz- und Bewertungswahlrechte | Realistisch zu ermitteln (fair presentation), ohne steuerlichen Einfluss, Tendenz zum »fair value accounting« |

Abb. 66: Unterschiede der Rechnungslegung nach HGB und IAS/IFRS (in Anlehnung an: Wöltje, Jörg, IAS/IFRS, Planegg 2004, S. 20)

### 2.4.4 Kostenrechnung

**Kosten** als Rechenelement der Kostenrechnung sind notwendigerweise zu definieren. Die in Theorie und Praxis am weitesten verbreitete Definition, die des sog. **wertmäßigen** bzw. **zweckorientierten** Kostenbegriffes, geht auf *Schmalenbach* zurück und wurde von *Kosiol* präzisiert. Derzufolge sind Kosten die **in der Kostenrechnung anzusetzenden Werte der für Leistungen verzehrten Güter**. Bei näherer Betrachtung sind Kosten danach durch drei Bestimmungsmerkmale charakterisiert:

- mengenmäßiger Güterverbrauch
- Leistungsbezogenheit des Güterverbrauchs
- Bewertung der leistungsbezogenen Verbrauchsmengen.

Zunächst setzt die Entstehung von Kosten den **Verzehr/Verbrauch** eines (Wirtschafts-)Gutes voraus, wobei **Realgüter** (z. B. Maschinen, Arbeitsleistungen), **Nominalgüter** (z. B. Geld) und **Informationsgüter** (z. B. Software) für den Güterverbrauch in Frage kommen. Dieser Verbrauch muss **leistungsbezogen** sein, d. h. er muss im Rahmen der produktiven Gestaltungsprozesse anfallen, die das **erklärte Programm** eines Unternehmens bilden (Kosten entstehen z. B. nicht durch Verluste aus spekulativen Geschäften eines Industrieunternehmens, da diese Geschäfte nicht zum erklärten Programm eines solchen Unternehmens zählen). Schließlich muss der leistungsbezogene Güterverbrauch **bewertet** werden, wobei Markt-, sonstige Tages- oder Verrechnungspreise angesetzt werden können.

Die vollständige Erfassung und Gliederung der in einer Abrechnungsperiode angefallenen Kosten ist eine der Aufgaben der **Kostenartenrechnung**, die die **erste Stufe** der Kosten- und Leistungsrechnung eines Unternehmens darstellt.

Kosten können nach unterschiedlichen Kriterien gegliedert werden. Eine sehr wichtige Unterteilung ist die in **Einzel- und Gemeinkosten**. **Einzelkosten** sind den Erzeugnissen **direkt** zurechenbar (z. B. Fertigungsmaterial), bei **Gemeinkosten** ist dies nicht ohne weiteres möglich (z. B. Gehalt des Portiers). Je nachdem, ob diese Gemeinkosten den Kostenstellen, an denen sie entstanden sind, direkt oder nur indirekt zugeordnet werden, handelt es sich um **Stelleneinzelkosten** (z. B. Büromaterial) oder **Stellengemeinkosten** (z. B. Unternehmerlohn):

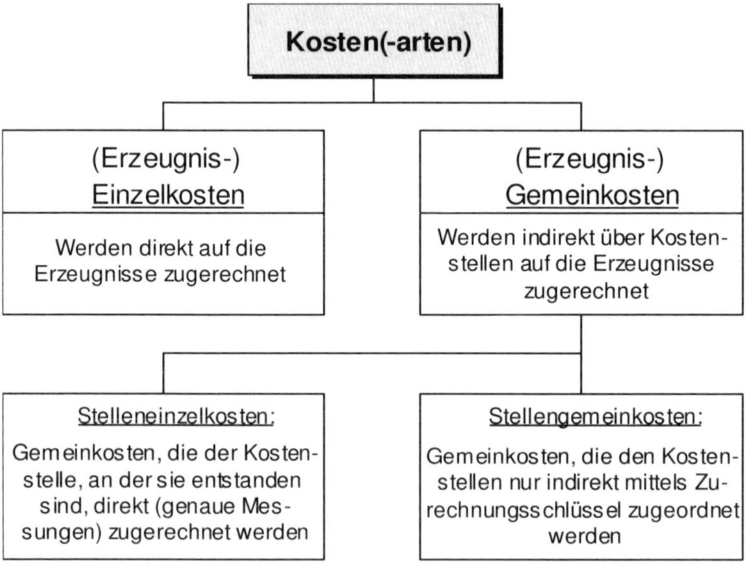


Abb. 67: Kostenarten

Eine weitere relevante Gliederung der Kostenarten ist die nach der **Art der verbrauchten originären** (d. h. auf dem Beschaffungsmarkt bezogenen) **Kostengüter**. Nach diesem Kriterium werden folgende Kostenarten unterschieden:

- Arbeitskosten
- Werkstoffkosten
- Betriebsmittelkosten
- Kapitalkosten
- Fremdleistungskosten
- Abgaben an die öffentliche Hand
- Wagniskosten.

**Arbeitskosten** (Personalkosten) sind die Summe der Kosten, die aus dem **Einsatz des Produktionsfaktors »Arbeit«** entstehen (Bruttoarbeitsentgelt, Sozialkosten, sonstige Personalkosten, kalkulatorischer Unternehmerlohn). **Werkstoffkosten** entstehen durch den leistungsbezogenen Verbrauch von **Roh-, Hilfs- und Betriebsstoffen**. **Betriebsmittelkosten** werden angesetzt für den Verbrauch an **Gebäuden**, **Maschinen** und **Werkzeugen**. Die Wertminderung eines Betriebsmittels durch Abnahme der Nutzungsmöglichkeit wird im Rechnungswesen mittels **Abschreibungen** erfasst. Mit den Abschreibungen in der Kosten- und Leistungsrechnung (**kalkulatorische** Abschreibungen) wird der **ordentliche** Werteverzehr (nicht der außerordentliche, vgl. Wagniskosten) der Betriebsmittel erfasst. Für die betriebliche Nutzung von Kapital werden in der Kosten- und Leistungsrechnung **kalkulatorische Zinsen** als **Kapitalkosten** verrechnet (der Kostencharakter ist allerdings umstritten). **Fremdleistungskosten** entstehen, wenn leistungsbezogene Dienstleistungen unternehmensexterner Dienstleistungsbetriebe in Anspruch genommen werden (z. B. IT, Versicherungsschutz).

Den **Abgaben an die öffentliche Hand** sind **Steuern** und steuerähnliche **Abgaben** zu subsumieren. Gebühren und Beiträge als Entgelt für spezielle Dienstleistungen der öffentlichen Hand sind dagegen Fremdleistungskosten. Der Kostencharakter von Steuern ist jedoch umstritten. **Wagniskosten** erfassen die Gefahr eines außerordentlichen Werteverzehrs (z. B. Brand, Diebstahl).

Wichtig ist ferner die Unterteilung in **beschäftigungsgradunabhängige** (= **fixe**) und **beschäftigungsgradabhängige** (= **variable**) Kosten. Fixkosten ändern sich nicht, wenn mehr oder weniger produziert wird (z.B. Gebäudemieten), variable Kosten ändern sich mit schwankender Produktionsmenge (z. B. Kosten für Fertigungsmaterial).

Eine weitere Aufgabe der oben dargestellten Kostenartenrechnung - und damit zugleich eine Form der Kostenanalyse - ist die **summarische Kostenkontrolle**. Die vollständige Erfassung aller in einer Abrechnungsperiode angefallenen Kosten liefert Informationen über die Höhe der einzelnen Kostenarten, den Anteil bestimmter Kostenarten an den Gesamtkosten, das Verhältnis einzelner Kostenarten untereinander und - bei Betrachtung über einen längeren Zeitraum - die Entwicklung der Höhe einzelner Kostenarten.

Desweiteren kann die Kostenanalyse in Form der **Kostenstellenkontrolle** durchgeführt werden, d. h. es werden Informationen bezüglich der Wirtschaftlichkeit einzelner **Kostenstellen** (= **Ort der Kostenentstehung**) analysiert. Die tatsächlich angefallenen Kosten jeder Kostenstelle werden dann, bezogen auf eine Abrechnungsperiode oder über mehrere Perioden hinweg, beobachtet und untersucht.

Der Teilbereich der Kostenrechnung, der als **zweite Stufe** der Kostenartenrechnung folgt, ist die **Kostenstellenrechnung**. Die Kostenstellenrechnung steht damit ablauftechnisch zwischen der Kostenarten- und der Kostenträgerrechnung; ihr fallen folgende Aufgaben zu:

| **Aufgaben der Kostenstellenrechnung** |
| --- |
| ➢ <u>Genauere Verteilung der (Erzeugnis-)Gemeinkosten auf die Kostenträger</u>: Grundsätzlich können auch mittels der Divisionskalkulation die Gemeinkosten - ohne Kostenstellenrechnung - auf die Erzeugnisse verteilt werden: die Gesamtkosten pro Erzeugniseinheit (Stückselbstkosten) ergeben sich dann durch Division der Gesamtkosten durch die Anzahl der produzierten und verkauften Erzeugnisse. Die Belastung aller Erzeugnisse mit gleichviel Gemeinkosten ist jedoch nur dann zweckgerecht, wenn auch alle Erzeugnisse im gleichen Maß Gemeinkosten verursachen. In Mehrproduktunternehmen ist dies in der Regel nicht der Fall: hier ist es erforderlich, die den Erzeugnissen nicht direkt zuzurechnenden Kosten des Verbrauchs originärer Produktionsfaktoren, also die primären Gemein- |

kosten, den Orten ihrer Entstehung (= Kostenstellen) zuzurechnen. Von dort werden die Gemeinkosten nach Maßgabe der Inanspruchnahme der Kostenstellen durch die Kostenträger (Erzeugnisse) auf die Kostenträger verrechnet. Neben der Verteilung der primären Gemeinkosten erfolgt auch die Verteilung der Sekundärkosten, d.h. der Kosten des Verbrauchs derivativer Produktionsfaktoren (innerbetrieblicher Leistungen).

- Bereitstellung von Informationen zur Kontrolle der Wirtschaftlichkeit der einzelnen Kostenstellen: In einer Istkostenrechnung (siehe unten) ist eine Kostenstellenkontrolle nur als Vergleich tatsächlich angefallener Kosten jeder Kostenstelle über mehrere Perioden hinweg möglich. Nachteil: kein Aufschluss über Ursachen von Kostenabweichungen. Echte Kostenstellenkontrolle ist erst in einer Plankostenrechnung möglich, wo die für eine Periode im vorhinein geplanten Kosten nach Ablauf der Periode mit den tatsächlich angefallenen Kosten, den Istkosten, verglichen werden (Soll-Ist-Vergleich).

Abb. 68: Aufgaben der Kostenstellenrechnung

Kostenstellen sind ihrem Wesen nach Zurechnungseinheiten, die nach verschiedenen Kriterien gebildet werden können (z. B. nach Verantwortungsbereichen oder betrieblichen Funktionen). Die **Kostenstellenrechnung** läuft in einem **dreistufigen Prozess** ab:

**Ablauf der Kostenstellenrechnung**

1. Schritt: in der Kostenartenrechnung erfasste Gemeinkosten werden auf Kostenstellen verteilt, in denen sie erstmalig entstanden sind

↓

2. Schritt: im Rahmen der innerbetrieblichen Leistungsverrechnung erfolgt die Umlage der primären Gemeinkosten mittels Verrechnungssätzen als sekundäre Gemeinkosten auf die Hauptkostenstellen (diejenigen Kostenstellen, die die Produkte fertigen)

↓

3. Schritt: Bildung der Gemeinkostenzuschlagsätze, mit deren Hilfe die Gemeinkosten in der folgenden Kostenträgerrechnung auf die Kalkulationsobjekte verteilt werden

Abb. 69: Ablauf der Kostenstellenrechnung

Die Kostenstellenrechnung wird häufig außerhalb der kontenmäßigen Darstellung der Betriebsbuchhaltung in tabellarischer Form mit Hilfe des **Betriebsabrechnungsbogens** (BAB) durchgeführt.

Die **Kostenträgerrechnung** stellt die **letzte Stufe** der Kostenrechnung dar. Sie kommt in zwei Erscheinungsformen vor: Kostenträgerzeitrechnung und Kostenträgerstückrechnung. Die **Kostenträgerzeitrechnung**, auch **Betriebsergebnisrechnung** oder **kalkulatorische Periodenrechnung** genannt, hat die Aufgabe, den aus der betrieblichen Tätigkeit in einem bestimmten Zeitraum erzielten **Betriebserfolg** (Gewinn/Verlust) als Differenz aus Leistungen und Kosten zu bestimmen. Die **Kostenträgerstückrechnung**, auch **Kalkulation** oder **kalkulatorische Stückrechnung**, ermittelt diejenigen Kosten, die für die Erstellung und den Absatz **einer** Leistungsmengeneinheit entstanden sind. Kostenträger im Rahmen der Kostenträgerstückrechnung können für den Markt bestimmte Produkte oder innerbetriebliche Leistungen sein. Die Aufgaben der Kostenträgerrechnung liegen in folgenden Bereichen:

| **Aufgaben der Kostenträgerrechnung** |
|---|
| ➢ Ermittlung von Preisobergrenzen im Rahmen der Beschaffungspolitik; Make-or-buy-Entscheidungen |
| ➢ Ermittlung von Stückdeckungsbeiträgen im Rahmen der Programmpolitik (Fertigungsprogramm); Optimierung von programmpolitischen Entscheidungen |
| ➢ Ermittlung von Selbstkosten (Kosten je Stück); Bestimmung von kurz- und langfristigen Preisuntergrenzen, die am Markt mindestens realisiert werden müssen |
| ➢ Bewertung von Beständen (Halb-/Fertigfabrikate) |
| ➢ Ermittlung interner Verrechnungspreise für innerbetriebliche Leistungen |

Abb. 70: Aufgaben der Kostenträgerrechnung

Die **Kostenanalyse** als summarische Kostenkontrolle und als Kostenstellenkontrolle verwendet als Rechnungsgröße **tatsächlich angefallene Kosten** (**Istkosten**) und zählt deshalb zum System der **Istkostenrechnung**. Eine wirksame Kostenkontrolle ist allerdings im Rahmen einer Istkostenrechnung nur eingeschränkt bzw. gar nicht möglich. Es kann zwar zu Kontrollzwecken ein Vergleich von Kosten mehrerer Perioden oder mehrerer Kostenstellen erfolgen, allerdings fehlt immer noch die Information über die Wirtschaftlichkeit des Unternehmens bzw. über die Ursachen von Unwirtschaftlichkeiten. Mit anderen Worten wäre die Kenntnis derjenigen Kosten nötig, die bei einer wirtschaftlichen Durchführung des Leistungserstellungsprozesses angefallen wären (**Plan**- bzw. **Sollkosten**).

Eine wirksame Kostenkontrolle und damit auch Kostenanalyse wird mit der (flexiblen) **Plankostenrechnung** ermöglicht. Die Analyse der Abweichungen zwischen den tatsächlich angefallenen Kosten (Istkosten) und den vorgegebenen Sollkosten (Soll/Ist-Vergleich) kann Unwirtschaftlichkeiten aufdecken und deren Ursachen ergründen. Nur wenn diese Ursachen (z. B. Preisschwankungen, Schwankungen der Produktion) bekannt sind, können wirksame Maßnahmen zur Kostensenkung ergriffen werden. Kostenanalysen werden auch im Rahmen des **Controlling** (vgl. Kapitel 2.1) durchgeführt.

Die Kosten- und Leistungsrechnung eines Unternehmens dient als Informationsinstrument der Unternehmensführung unterschiedlichen Zwecken (z. B. Festlegung von Preisuntergrenzen). Je nach spezieller Aufgabenstellung sind eine Reihe verschiedener **Kostenrechnungssysteme** entwickelt worden, die durch unterschiedliche Merkmale charakterisiert werden. Ein Unterscheidungskriterium stellt das **Ausmaß der verrechneten Kosten** dar. Demzufolge unterscheidet man:

- **Vollkostenrechnungen** (**alle** Kosten werden auf die Kostenträger verteilt)
- **Teilkostenrechnungen** (nur ein **Teil** der Kosten wird auf die Kostenträger verteilt).

Ursachen für **Mängel der Vollkostenrechnung** liegen gerade in der Verrechnung **aller** Kosten einer Abrechnungsperiode auf die Kostenträger. Daraus resultieren vor allem zwei Schwachstellen: einerseits das **Fixkostenproblem** und andererseits das Problem der **Schlüsselung von Gemeinkosten**.

Das **Fixkostenproblem** lässt sich wie folgt erklären: soweit in den Kosten einer Periode fixe Kosten, d. h. beschäftigungsunabhängige Kosten (z. B. Gebäudemieten), enthalten sind, werden diese im Rahmen der Vollkostenrechnung **proportionalisiert** und auf die Kostenträger (Erzeugnisse) verteilt. Fixkosten werden demzufolge den variablen (= beschäftigungsabhängigen) Kosten **gleichgestellt**. Diese Kostenverteilung entspricht **nicht** dem strengen Verursachungsprinzip und birgt die **Gefahr von Fehlentscheidungen**, sofern diese Kostendaten Grundlage für **kurzfristige** Unternehmensentscheidungen darstellen. Fixkosten sind **kurzfristig** unveränderlich und deshalb für kurzfristige Entscheidungen **nicht** als entscheidungsrelevant zu betrachten.

Neben der Verrechnung beschäftigungsunabhängiger Kosten auf die Erzeugnisse ist die **Verrechnung von Gemeinkosten** ein weiterer kritischer Punkt der Vollkostenrechnung. Während Einzelkosten den Erzeugnissen direkt und verursachungsgerecht zugerechnet werden können, ist dies im Falle von Gemeinkosten nicht möglich. Gemeinkosten können nur mittels **Schlüsselgrößen** den Erzeugnissen zugerechnet werden (Beispiel für eine Schlüsselgröße: Anzahl Maschinenstunden je Erzeugnis). Teilweise sind im Rahmen der Kostenrechnung sogar mehrfache Kostenschlüsselungen erforderlich. Eine **verursachungsgerechte** Verteilung von Gemeinkosten ist nur dann gegeben, wenn zwischen den Gemeinkosten und der gewählten Schlüsselgröße tatsächlich ein **proportionaler** Zusammenhang besteht. Dies wird nicht immer der Fall sein.

**Teilkostenrechnungssysteme** versuchen die Mängel der Vollkostenrechnung zu vermeiden. Abhängig vom Ansatzpunkt der Kritik an der Vollkostenrechnung gibt es zwei Varianten: Teilkostenrechnungssysteme, bei denen nur die variablen Kosten auf die Kostenträger verteilt werden, und solche, bei denen nur die Einzelkosten den Kostenträgern zugerechnet werden.

Die veränderten Rahmenbedingungen von Unternehmen sind auch im Hinblick auf die Kostenrechnung nicht ohne Wirkung geblieben. So hat sich der Charakter der Kostenrechnung, die in ihrer traditionellen Form als eher **kurzfristig ausgerichtetes** Steuerungsinstrument zur Lösung **operativer** Aufgaben angesehen werden kann, verändert.

Zunehmend wird die Kostenrechnung auch als **strategisches** Instrument eingesetzt. In diesem Zusammenhang sind die tradierten Verfahren weniger geeignet; sie wurden durch neue Verfahren, wie die Prozesskostenrechnung und das Target Costing, ergänzt.

Die **Prozesskostenrechnung** als moderne Vollkostenrechnung greift den Gedanken der **Prozessorientierung** auf und ermittelt kostenstellenübergreifend die Kosten für (Haupt-)Prozesse, die durch das Unternehmen laufen. Das **Target Costing** ist im Kern weniger ein eigenständiges Kostenrechnungssystem denn ein Instrument des Kostenmanagements zur Kostenplanung, -steuerung und -kontrolle. Die Zielsetzung liegt hier auf einer möglichst marktorientierten Steuerung des Unternehmens im Rahmen des strategischen Kostenmanagements. Im Vordergrund steht die Frage, was ein Produkt (marktbezogen) kosten **darf**, nicht was es bei gegebenen Produktionsbedingungen kosten **würde**.

# 3 Leistungsprozess und Finanzwirtschaft

## 3.1 Beschaffung und Logistik

### 3.1.1 Grundlagen

Der Güterkreislauf von Unternehmen ist gekennzeichnet durch entgegengesetzt verlaufende Güterströme: **Nominalgüterströme** (Geldströme) und **Realgüterströme** (vgl. Abb. 8). Der eigentliche Leistungsprozess des Unternehmens ist der **Realgüterprozess**, er umfasst alle Güterbewegungen im Betrieb, die keine geldlichen Leistungen darstellen. Der Realgüterprozess kann grob in die Funktionen **Beschaffung**, **Produktion** und **Absatz** eingeteilt werden:

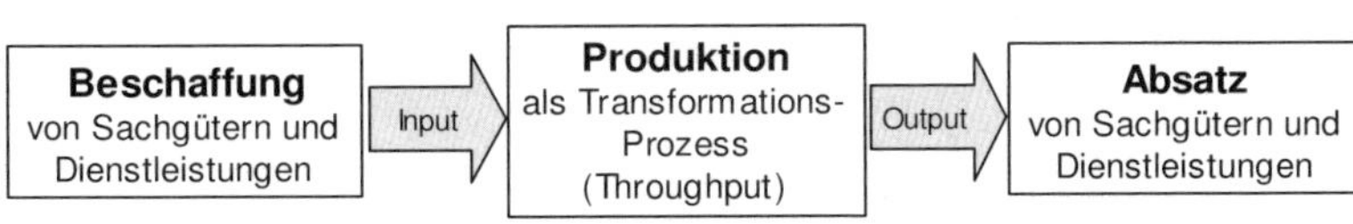


Abb. 71: Beschaffung und Absatz als der Produktion vor- und nachgelagerte Phasen

Der **Beschaffung** als der ersten Phase des Realgüterprozesses kommt dabei eine besondere Bedeutung zu: Engpässe an dieser Stelle behindern u. U. den gesamten nachfolgenden Leistungsprozess. Die in der betrieblichen Praxis zu hörende Aussage »Im Einkauf liegt der Gewinn« weist auf diese Bedeutung hin. Die Bedeutung der Beschaffung für den Unternehmenserfolg lässt sich wie folgt verdeutlichen:

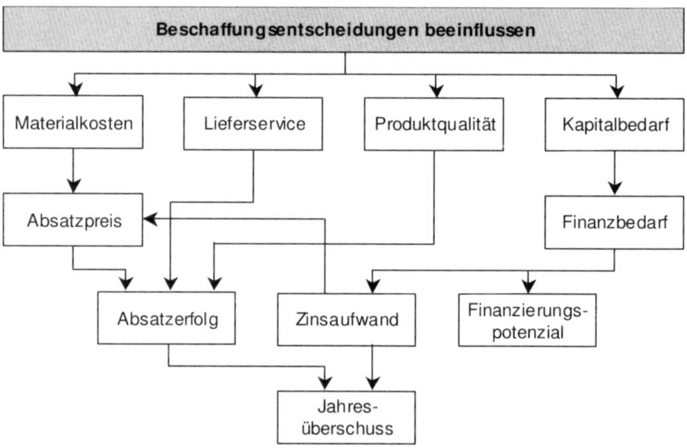


Abb. 72: Bedeutung der Beschaffung für den Unternehmenserfolg (Abb. in Anlehnung an: Melzer-Ridinger, Ruth, Materialwirtschaft, 2. Aufl., München, Wien 1991, S. 19)

Die Aufgabe der Beschaffung liegt darin, die **Verfügungsgewalt** (etwa durch Kauf, Miete, Pacht etc.) über die Güter zu erlangen, die in den Produktions- und Absatzprozess eingehen sollen. Die Bereitstellung von Kapital gehört nicht zu diesem Aufgabenbereich, ebenso ist die Beschaffung von Personal (Personalabteilung) sowie von Maschinen und Anlagen (Investitionsabteilung) in der Regel organisatorisch ausgegliedert in spezialisierte Abteilungen. Als vorherrschende Aufgabe der Beschaffung verbleibt die Zurverfügungstellung von **Material**, das wie folgt klassifiziert werden kann:

**MATERIAL**

**WERKSTOFFE**

- Rohstoffe
- Halb- und Fertigfabrikate (Vorprodukte)
- Hilfsstoffe

- Energie
- Sonstige Betriebsstoffe
- Handelswaren

Abb. 73: Materialarten (Quelle: Trossmann, Ernst, Beschaffung und Logistik, in: Bea, Franz Xaver; Friedl, Birgit; Schweitzer, Marcell, Allgemeine Betriebswirtschaftslehre, Bd. 3, 9. Aufl., Stuttgart 2006, S. 117)

Die **Zielsetzung** der Beschaffung liegt darin, die benötigten Materialien in der richtigen **Qualität**, in der richtigen **Menge** am richtigen **Ort** zur richtigen **Zeit** bereitzustellen. Dies soll zu minimalen **Kosten** geschehen. Eng verwandt mit dem Begriff der Beschaffung ist der der **Materialwirtschaft**. Bei enger Sichtweise von Materialwirtschaft sind die Begriffe weitgehend deckungsgleich. Materialwirtschaft umfasst dann alle Aufgaben, die zur Versorgung des Betriebes mit Material erfüllt werden müssen. Bei einer erweiterten Sichtweise kommen noch die Funktionen **Entsorgung/Recycling** (Verwertung bzw. Beseitigung von überflüssigem Material, Ausschuss, Abfall etc.) und **Warenverteilung** (z. B. Verpackung, Kommissionierung) hinzu. Bei noch weitergehender Begriffsfassung (**integrierte Materialwirtschaft**) zählt die Gesamtheit aller Funktionen zur Steuerung des gesamten Material- und Güterflusses vom Lieferanten bis zum Abnehmer zu diesem Bereich.

In Analogie zur marktbezogenen Funktion des Absatzes bzw. Marketing (vgl. Kapitel 3.3) existiert auch im Beschaffungsbereich sowohl eine **Beschaffungsmarktforschung** zur Analyse der Beschaffungsmärkte als auch ein Mix verschiedener Instrumente, die die Aktionsseite des **Beschaffungsmarketing** bilden.

Im Rahmen der **Beschaffungsprogrammpolitik** (entspricht der Produkt- und Programmpolitik im Absatzmarketing) ist die **art-** und **mengenmäßige** Güternachfrage sowie deren **zeitliche Verteilung** festzulegen. Außerdem sind **Make-or-buy-Entscheidungen** zu treffen,

d. h. es ist im Einzelnen festzulegen, ob Fremdbezug oder Eigenfertigung gewählt wird.

Die **Beschaffungskonditionenpolitik** (vgl. Entgeltpolitik im Absatzbereich) regelt neben den unmittelbaren Geldleistungen an die Lieferanten darüber hinausgehende Lieferungs- und Zahlungsbedingungen und Rabatte sowie eventuelle Kreditgewährung seitens des Lieferanten.

Instrumente der **Kommunikationspolitik** im Beschaffungsbereich gestalten die Kontaktaufnahme und Informationsübermittlung zu bereits bestehenden bzw. potenziellen Lieferanten. Vorherrschend ist dabei die Direktkommunikation mit Anbietern.

Im Rahmen der **Bezugspolitik** (entspricht der Distributionspolitik im Absatzbereich) werden **Beschaffungswege** und die **Beschaffungslogistik** (siehe unten) gestaltet. Bezüglich der Beschaffungswege ist zu klären, welche Beschaffungsorgane eingeschaltet werden (z. B. Vertreter), ob direkt ab Hersteller oder über Groß- und Einzelhändler bezogen wird und ob von nur einer Quelle (Single Sourcing) oder aus mehreren Quellen (Multi Sourcing) Einsatzgüter bezogen werden. Bezüglich der Gestaltung der Geschäftsabwicklung nimmt der als **E-Commerce** (bzw. **E-Business**) bezeichnete Geschäftsverkehr zwischen Unternehmen eine wichtiger werdende Stellung ein. Beim **Business to Business** (auch B2B) sind beide Handelspartner Unternehmen. Die Nachfrager hoffen aufgrund erhöhter Transparenz bezüglich der Angebote und Preise Einsparungen beim Einkauf erzielen zu können. Das Nutzen elektronischer Beschaffungswege bezeichnet man als **Electronic Procurement** (E-Procurement).

Mit dem Begriff der Materialwirtschaft eng verbunden ist der Terminus »**Logistik**«. Ursprünglich stammt diese Bezeichnung aus dem militärischen Bereich. Sie kennzeichnet dort die Versorgung der Truppen mit allen erforderlichen Gütern. Nach dem Zweiten Weltkrieg wurde der Begriff auf analoge Problembereiche der BWL übertragen. Logistik umfasst in der BWL alle planerischen, ausführenden, steuernden und regelnden Maßnahmen und Instrumente, um einen zielgerichteten Material-, Wert- und Informationsfluss im Rahmen der betrieblichen Leistungserstellung zu ermöglichen (*Kluck*). Logistik ist damit ein

Teilsystem der integrierten Materialwirtschaft. Nach herkömmlicher Funktionsaufgliederung (Beschaffung/Produktion/ Absatz; vgl. Abb. 71) wird der physische Weg der Güter von der Quelle bis zu ihrem Untergang nur „stückchenweise“ betrachtet und gelöst. Demgegenüber sieht Logistik die Versorgungsaufgaben über alle Phasen des Betriebsprozesses und wird deshalb als **Querschnittsfunktion** bezeichnet. Logistik ist **keine zusätzliche** Funktion neben Beschaffung, Produktion und Absatz, sondern entsteht durch Herausnahme und Bündelung der Aufgaben der physischen Raum- und Zeitüberbrückung aus diesen Leistungsprozessen. Logistische Teilfunktionen sind in allen Realgüterphasen zu erfüllen (Beschaffungslogistik, Fertigungslogistik, Distributionslogistik):

<table>
<tr><th colspan="3">Logistische Funktion<br>Logistikart nach Gegenständen</th><th>Physische Raumüberbrückung</th><th>Physische Zeitüberbrückung</th><th>Physische Umgruppierung</th></tr>
<tr><td colspan="3">Personenlogistik</td><td>Personenbeförderung</td><td>Aufenthalt</td><td>Umsteigen</td></tr>
<tr><td rowspan="3">Güterlogistik</td><td>Warenlogistik</td><td>Materiallogistik</td><td>Gütertransport</td><td>Lagerung</td><td>Umschlag</td></tr>
<tr><td colspan="2">Energielogistik</td><td>Energietransfer</td><td>Speicherung</td><td>Umschlag (evtl. Energietransfer)</td></tr>
<tr><td colspan="2">Informationslogistik</td><td>Informationsübermittlung</td><td>Speicherung</td><td>Umspeicherung (u. U. Umcodierung)</td></tr>
</table>

Abb. 74: Gliederung der Logistik nach Gegenständen und Teilfunktionen (Quelle: Trossmann, Ernst, Beschaffung und Logistik, in: Bea, Franz Xaver; Friedl, Birgit; Schweitzer, Marcell, Allgemeine Betriebswirtschaftslehre, Bd. 3, 9. Aufl., Stuttgart 2006, S. 120)

Um die Beschaffungsfunktion zieladäquat zu erfüllen, werden häufig nicht nur die Beziehungen zu den unmittelbaren Marktpartnern (Lieferanten) gestaltet, sondern auch Betriebe noch weiter vorgelagerter Stufen miteinbezogen (Zulieferer der Zulieferer). Damit sollen Rohstoffqualitäten sichergestellt, Liefertermine verlässlicher werden und Kosten genauer geplant werden können. Eine derart umfassende Betrachtungsweise und Gestaltung der Lieferungs-Empfangs-Beziehungen einer ganzen Lieferkette wird als **Supply Chain Management** bezeichnet.

### 3.1.2 ABC-Analyse und Optimale Bestellmenge als Instrumente der Beschaffungsplanung

Die sogenannte ABC-Analyse ist eine Methode zur Untersuchung, wie stark sich eine bestimmte Eigenschaft auf die einzelnen Elemente einer betrachteten Menge konzentriert. Im Beschaffungsbereich dient sie zur Untersuchung der **mengen-** und **wertmäßigen Bedarfsstruktur** von Einsatzmaterial. Anders ausgedrückt: sie hilft dabei, die Aufmerksamkeit und damit die Ressourcen auf diejenigen Beschaffungsgüter zu lenken, die wertmäßig besonders ins Gewicht fallen. Die Effizienz der Beschaffung soll damit gesteigert werden.

Häufig zeigt sich im Beschaffungsbereich folgendes Bild: ein relativ **großer Beschaffungswert** entfällt auf vergleichsweise **wenige Materialarten**: diese werden als **A-Güter** bezeichnet. Umgekehrt gibt es **viele Materialarten**, die, zusammen genommen, nur einen **kleinen** Anteil am **Beschaffungsvolumen** ausmachen, die **C-Güter**. **B-Güter** liegen wert- und mengenanteilsmäßig dazwischen. Die ABC-Analyse stellt diese Verhältnisse mit Hilfe der Lorenzkurve (Konzentrationskurve) graphisch dar (Abb. 75).

Als Konsequenz widmet man den A-Gütern besondere Aufmerksamkeit bei der Beschaffung, B- und C-Gütern entsprechend weniger.

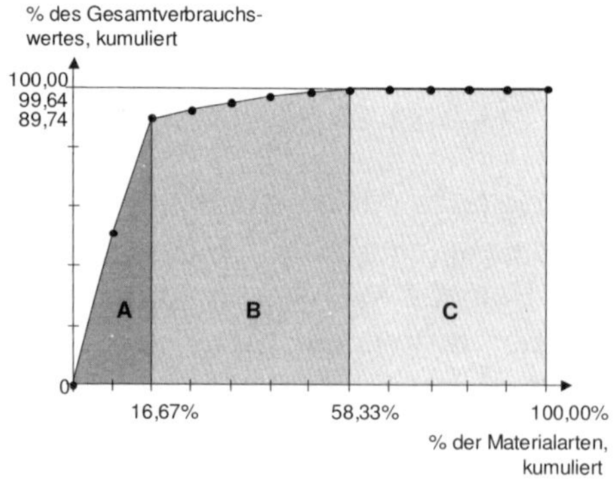


Abb. 75: Beispiel einer ABC-Analyse

Ein wesentliches Problem im Bereich Beschaffung/Logistik liegt in der Festlegung bzw. **Optimierung** der (Bestell-)**Mengen**. Dieser Problembereich wurde schon um 1915 von den Amerikanern *Arrow*, *Harris* und *Marschak* untersucht. Die **Höhe** wirtschaftlicher **Beschaffungsmengen** hängt sowohl von den **Lagerhaltungs**- als auch von den **Bestellkosten** ab. Beide Kostenkomponenten sind durch eine gegensätzliche Abhängigkeit von der Bestellmenge gekennzeichnet. Mit zunehmender Größe der (hier im Modell immer gleich großen) bestellten Menge steigen die Lagerhaltungskosten, andererseits müssen (bei gegebenem Jahresverbrauch) dann seltener Bestellungen durchgeführt werden, was die Bestellkosten, die pro Einzelbestellung anfallen, senkt. In diesem Zusammenhang lässt sich graphisch eine **optimale** (d. h. kostenminimale) **Bestellmenge** ableiten:

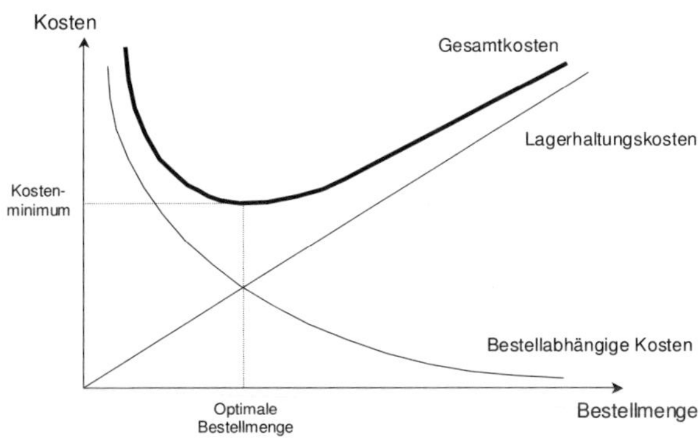


Abb. 76: Graphische Ermittlung der optimalen Bestellmenge

Die optimale Bestellmenge kann auch rechnerisch ermittelt werden. Dieses Verfahren ist auch als »klassische Losgrößenformel« nach *Andler* bekannt:

$$x_{opt} = \sqrt{\frac{200 \bullet M \bullet K_B}{E \bullet L_{HS}}}$$

Die Symbole haben hier folgende Bedeutung: $x_{opt}$ bezeichnet die optimale Bestellmenge, M die Jahresbedarfsmenge, $K_B$ die Bestellkosten je Bestellung, E den Einstandspreis pro Mengeneinheit und $L_{HS}$ den Lagerhaltungskostensatz. Das hier kurz skizzierte Grundmodell zur Ermittlung der optimalen Bestellmenge unterliegt zahlreichen Einschränkungen und kann in tiefergehenderen Darstellungen den Erfordernissen der Praxis angepasst werden.

## 3.2 Produktionswirtschaft

### 3.2.1 Gegenstand und Ziele der Produktionswirtschaft

Bei der Betrachtung von Produktionsprozessen ist die Untersuchung des Verhältnisses von Faktoreinsatz zu Faktorertrag charakteristisch (vgl. Abb. 71). Unternehmen versuchen die Produktionsfaktoren möglichst effizient einzusetzen, um den betrieblichen Zielen gerecht zu werden. Im Einzelnen werden folgende Ziele verfolgt:

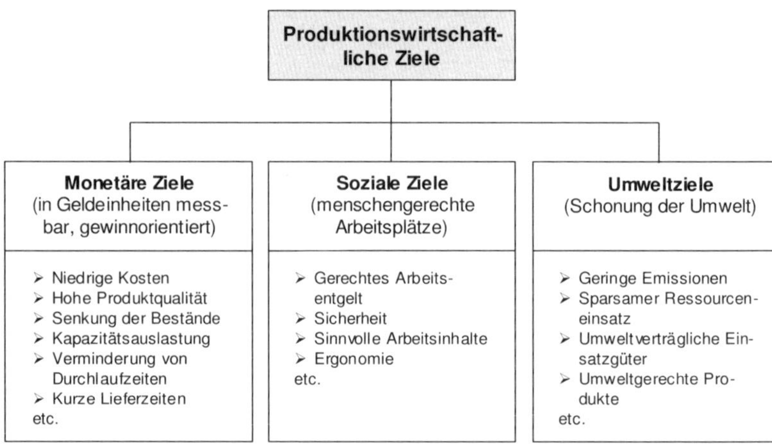


Abb. 77: Produktionswirtschaftliches Zielsystem

Im Laufe der historischen Entwicklung hatten sich jeweils unterschiedliche Schwerpunkte des Produktionsmanagements herausgebildet:

| **Entwicklung des Produktionsmanagements** | | |
|---|---|---|
| **Zeitalter** | **Zeit** | **Ereignisse / Konzepte** |
| Industrielle Revolution | ~ 1769 - 1889 | Dampfmaschine, Konzept der Arbeitsteilung, Austauschbare Komponenten, Otto-Motor, Drehstrommotor |
| Wissenschaftliche Betriebsführung | ~ 1911 - 1913 | Prinzipien des Scientific Management, Zeit- und Bewegungsstudien, Fließbandfertigung |

| | | |
|---|---|---|
| Human Relations | ~ ab 1930 | Experimente in den Hawthorne-Werken zur Mitarbeiterzufriedenheit, Motivationstheorien |
| Management Science | ~ ab 1947 | Lineare Programmierung, Warteschlangentheorie, Entscheidungstheorie, Simulationen, Computertechnik |
| Qualitätsrevolution | ~ ab 1970 | Lean Production, Just-in-time-Production, Total Quality Management |
| Informationstechnisches Zeitalter | ~ ab 1980 | Computer Integrated Manufacturing, World Wide Web |
| Globalisierung | ~ ab 1990 | Globale Märkte und weltweit verteilte Produktion |

Abb. 78: Entwicklung des Produktionsmanagements (in Anlehnung an: Berning, Ralf, Grundlagen der Produktion, Berlin 2001, S. 15)

Im Zeitalter der **1. Industriellen Revolution** wurde in vielen Bereichen die vergleichsweise dezentral und ganzheitlich organisierte handwerkliche Produktion durch eine am Ort der Krafterzeugung zentralisierte Produktion ersetzt. Technische Innovationen wie die Erfindung und Nutzung der Dampfkraft und Elektrizität ersetzten menschliche Arbeitskraft. Erste Konzepte der Arbeitsteilung entstanden. In der Zeit der **Wissenschaftlichen Betriebsführung** (Scientific Management, 2. Industrielle Revolution; vgl. Kapitel 2.2.2) standen extreme Arbeitsteilung, die konsequente Trennung von ausführender Arbeit und kontrollierendem Management sowie der Beginn der Massenproduktion nach dem Fließprinzip im Vordergrund. Individuelle menschliche Bedürfnisse vernachlässigte diese Konzeption stark. In der Folge wurde daher der **Human-Relations-Ansatz** entwickelt, der die Steigerung der Arbeitsproduktivität indirekt über Arbeitszufriedenheit und Arbeitsmotivation zum Ziel hatte (vgl. die Motivationstheorien von *Maslow*, *Herzberg*, *McGregor*). Ab den 50er Jahren bis in die 70er Jahre des 20. Jahrhunderts nahmen mathematische Verfahren zur Beurteilung bzw. Optimierung von Produktionsplänen wie die **Lineare Programmierung**, die **Warteschlangentheorie** oder auch **Simulationen** einen breiten Raum im Produktionsmanagement ein. Diese Methoden wurden durch die fortschreitende Entwicklung von Computern erst ermöglicht. Man bezeichnet diese Phase als **Management Science**. Ein erneuter Paradigmenwechsel begann ab den 70er Jahren mit der Adaption japanischer und amerikanischer Produktions- und Managementtechniken (**Qualitätsrevolution**; 3. Industrielle Revolution) wie **Lean Production** (schlanke Produktion), **Just-in-time-Fertigung** (Anlieferung des Materials erfolgt fertigungssynchron) und des **Total Quality Managements** (umfassende Qualitätsausrichtung). Seit den 80er Jahren ist eine nahezu explosionsartige Entwicklung der **Informationstechnologie** (IT) festzustellen, die neue Möglichkeiten der Koordination und Kopplung dezentral durchgeführter Aktivitäten erlaubt. Vor dem Hintergrund der zunehmenden **Globalisierung** befinden wir uns derzeit in einem **strukturellen Wandel** der industriellen Produktion (vgl. z. B. das **Outsourcing**, d. h. die Ausgliederung von Unternehmensfunktionen auf externe Spezialisten; vgl. die Ausdehnung von Wertschöpfungsketten über den gesamten Globus).

Zur mathematischen Erfassung und Analyse von Produktionsverhältnissen werden in der BWL **Produktionsfunktionen** eingesetzt. Eine Produktionsfunktion bringt die **mengenmäßige** Beziehung zwischen dem Faktoreinsatz (Input; hier mit $r_i$ bezeichnet) und dem Faktorertrag (Output; hier $x$) zum Ausdruck: $x = f(r_1, r_2, \ldots, r_n)$.

Wichtige Produktionsfunktionen stellen die vom **Typ A** (Ertragsgesetz; von *Turgot* am Beispiel der Landwirtschaft entwickelt), **Typ B** (von *Gutenberg* für industrielle Prozesse entwickelt) und **Typ C** (von *Heinen* entwickelt; Weiterentwicklung von B) dar. Die mengentheoretischen Analysen im Rahmen der **Produktionstheorie** bilden die Grundlage für die Erstellung und Analyse der **Kostenfunktionen** (funktionaler Zusammenhang zwischen dem Output $x$ und den dafür entstandenen Kosten $K$) der **Kostentheorie**.

### 3.2.2 Gestaltung der Produktion

Produktionsprozesse haben häufig über längere Zeiträume hinweg Bestand. Die Rahmenbedingungen bleiben dabei für bestimmte Zeiträume unverändert, weshalb sich die Gestaltung von Produktionsprozessen im Rahmen einer langfristig ausgerichteten **strategischen Produktionsplanung** vollzieht:

| Rahmenbedingungen der Produktion | |
|---|---|
| Standort | ➢ Standort des Betriebes<br>➢ innerbetrieblicher Standort |
| Fertigungsverfahren | ➢ Massenfertigung<br>➢ Sortenfertigung<br>➢ Serienfertigung<br>➢ Einzelfertigung |
| Organisationstypen der Fertigung | ➢ Werkstattfertigung<br>➢ Fließfertigung<br>➢ Baustellenfertigung |

Abb. 79: Rahmenbedingungen der Produktion

Die **Standortwahl** von **Betrieben** wurde bereits in Kapitel 1.5.3 thematisiert. Auch **innerhalb** von einzelnen Betrieben gibt es Entscheidungen betreffend eine Standortwahl, die sich in diesem Fall auf eine möglichst günstige **räumliche Anordnung** der **Produktionsfaktoren** beziehen.

**Fertigungsverfahren** lassen sich wie folgt klassifizieren:

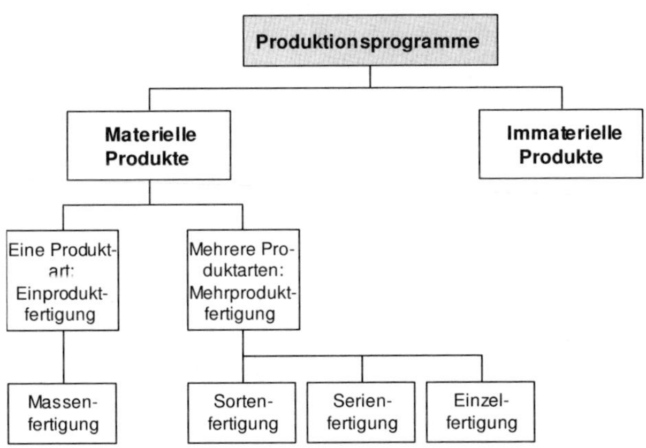


Abb. 80: Fertigungsverfahren (in Anlehnung an: Jehle, Egon; Müller, Klaus; Michael, Horst, Produktionswirtschaft, 4. Aufl., Heidelberg 1994, S. 53)

Die **Werkstattfertigung** als ein **Organisationstyp der Fertigung** ist durch die Anordnung gleichartiger Maschinen an einem Ort, z. B. in einer Betriebshalle, gekennzeichnet. Von **Fließfertigung** spricht man, wenn unterschiedliche Maschinen so angeordnet werden, dass die notwendigen Arbeitsgänge zur Produkterstellung unmittelbar aufeinander folgen (vgl. Fließband). Eine **Baustellenfertigung** liegt vor, wenn Arbeitskräfte, Maschinen und Werkstoffe zum Ort der Produktentstehung transportiert werden (z. B. bei der Erstellung von Gebäuden).

Die oben skizzierten Entwicklungen der Informationstechnologie tendieren im Bereich der Produktion zu einem computergestützten integrierten System der Fertigung, dem sog. **Computer Integrated Manufacturing** (**CIM**), das die Teilbereiche **CAD**, **CAP**, **CAM**, **CAQ** und **PPS** umfasst (Abb. 81) Das **Production Planning System** (**PPS**; Produktionsplanungssystem) als betriebswirtschaftlich orientierte Komponente des CIM-Ansatzes beschäftigt sich mit den organisatorischen Produktionsabläufen von der Angebotsbearbeitung bis zum Versand:

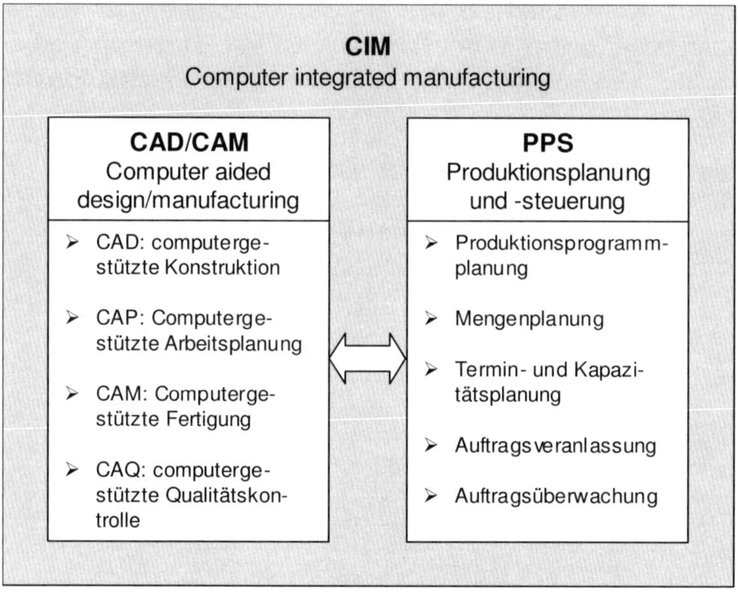


Abb. 81: CIM-Komponenten (vgl. Ausschuss für Wirtschaftliche Fertigung e.V. (Hrsg.), AWF-Empfehlung: Integrierter EDV-Einsatz in der Produktion, CIM, Eschborn 1985)

Computergestützte PPS-Systeme (z. T. auch bezeichnet als **MRP** [Material Requirement Planning] bzw. **MRP II** [Manufacturing Resource Planning]) umfassen diverse Aufgabenbereiche:

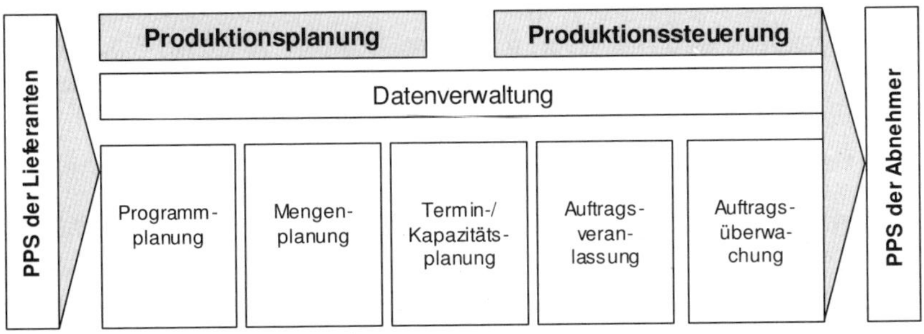


Abb. 82: Module einer klassischen MRP II-Software (in Anlehnung an: Berning, Ralf, Grundlagen der Produktion, Berlin 2001, S. 119)

Eine noch weiter gehende Integration auch von Buchhaltung, Kosten- und Finanzplanung in dieses System bezeichnet man als **Enterprise Resource Planning** (**ERP**).

## 3.3 Marketing

### 3.3.1 Marketing als Unternehmensphilosophie

Der Begriff des **Marketing** entstand bereits um die Jahrhundertwende (19./20. Jh.) in den Vereinigten Staaten von Amerika, setzte sich jedoch erst gegen Ende der 50er Jahre in Westeuropa durch. Die sogenannte »**Marketing-Revolution**« kennzeichnet einen Umdenkprozess in Forschung und Praxis: „No longer is the company center of the business universe. Today the customer is at the center“ (*Keith*). Marketing geht damit über die Funktion des **Absatzes** als **entgeltliche Güterübertragung** weit hinaus.

Die zentrale Leitidee stellt die **Kundenorientierung** dar. Unter Marketing versteht man heute eine **Steuerungskonzeption einer Organisation** (z. B. eines Unternehmens oder auch eines Vereines) **von der Umwelt her und auf die Umwelt hin**. Der umfassende Begriff der »Umwelt« wird verwendet, weil eine reine Fokussierung auf den »Markt« heutzutage zunehmend zu kurz greift und den Anforderungen an eine moderne Marketing-Konzeption nicht mehr gerecht wird. »Von der Umwelt her« verweist auf die **Informationsseite** des

Marketing, d.h. Marketing-Aktivitäten können sinnvollerweise nur auf Basis adäquater Informationen über die Umwelt - und damit auch die Märkte – eingeleitet werden. »Auf die Umwelt hin« bezieht sich auf den gestalterischen Marketing-Aspekt (**Aktionsseite**) mittels des Marketing-Instrumentariums, also auf die Bedarfsdeckung und –weckung.

Ein derart weit gefasstes Verständnis des Marketing-Begriffes macht deutlich, warum man im Zusammenhang mit der Marketing-Konzeption auch von einer **Führungskonzeption** von Unternehmen spricht. Marketing ist daher weitaus mehr als bloße Werbung!

Die Entwicklung des Marketing vollzog sich, ausgehend vom »**verkaufsorientierten**« Marketingkonzept, über das »**nachfrageorientierte**« Marketingkonzept hin zum »**strategischen**« Marketingkonzept:

| Marketing-Konzepte | | | | | |
|---|---|---|---|---|---|
| | **Verkaufs-orientiert** | ⇨ | **Nachfrage-orientiert** | ⇨ | **Strategisch** |
| **Ausgangs-punkt** | Produkte | ⇨ | Nachfrage-wunsch | ⇨ | Umwelt Markt Unternehmen |
| **Ziele** | Gewinn über Umsatz-volumen | ⇨ | Gewinn über nachhaltige Befriedigung der Kunden-wünsche | ⇨ | Gewinn über konsequentes Nutzen von Wettbewerbs-vorteilen |
| **Instru-mente** | Absatz-instrumente | ⇨ | Markt-forschung Marketing-instrumente | ⇨ | Strategische Situations-analyse |

Abb. 83: Marketing-Konzepte

Ein strategisches Marketingkonzept umfasst demzufolge als Ausgangspunkt jeglicher Marketing-Aktivitäten sowohl Instrumente der **Informationsseite** (Marketing-/Marktforschung) als auch Instrumente der **Aktionsseite**:

Abb. 84: Informations- und Aktionsseite des Marketing

### 3.3.2 Informationsseite des Marketing

Unter einem **Markt** versteht man aus betriebswirtschaftlicher Perspektive das wirtschaftlich relevante Umfeld eines Unternehmens, in dem Austauschbeziehungen zwischen Anbietern und Nachfragern von Gütern stattfinden. Als **Marktteilnehmer** lassen sich einerseits die **Hersteller/Produzenten** von Sachgütern und Dienstleistungen sowie andererseits die **Verbraucher/Konsumenten** unterscheiden. Zwischen diesen beiden Gruppen können Personen bzw. Institutionen im Rahmen des Absatzprozesses beeinflussend, helfend oder vermittelnd tätig werden: die **Beeinflusser** (z. B. Meinungsbildner wie Journalisten), die **Absatzhelfer** (z. B. Vertreter) und die **Absatzmittler** (z. B. Einzelhändler).

Unter **Marktforschung** versteht man die systematisch betriebene Erforschung der **Absatz**- und **Beschaffungsmärkte** (jeweils sowohl hinsichtlich der Angebots- als auch der Nachfrageseite). Darüber hinaus beschäftigt sich die moderne Marktforschung auch mit der Datengewinnung aus dem Bereich der **gesellschaftlichen** und

**natürlichen Umwelt**, da auch von dieser Seite für die Märkte relevante Entwicklungen ausgehen. Abzugrenzen ist der Begriff der Marktforschung gegenüber dem der **Marketingforschung**, der sich auf die systematische Suche, Aufbereitung und Zurverfügungstellung von Informationen bezieht, die **alle** Probleme des Marketing betreffen. Marketingforschung ist demzufolge der umfassendere Begriff. Die **Aufgaben der Marketingforschung** liegen vor allem in folgenden Bereichen:

| **Aufgaben der Marketingforschung:** |
|---|
| ➢ Verbesserung der Informationsversorgung |
| ➢ Eindämmen der Informationsflut |
| ➢ Rechtzeitiges Zurverfügungstellen von Informationen (Frühwarnfunktion) |
| ➢ Unterstützung bei Innovationen (Innovationsfunktion) |
| ➢ Reduktion von Unsicherheit |
| ➢ Förderung des Verständnisses von Markt- und Umweltgegebenheiten bzw. -entwicklungen |

Abb. 85: Aufgaben der Marketingforschung

Letztlich dienen diese Funktionen dem Aufzeigen von Chancen und Risiken im unternehmensinternen sowie unternehmensexternen Bereich (Märkte, natürliche und gesellschaftliche Umwelt).

Je nach Abgrenzungskriterium lassen sich zahlreiche **Formen der Marktforschung** unterscheiden. Nach dem Bezugszeitraum unterteilt man in **einmalige** (**Marktanalyse**) und **permanente** Erhebungen (**Marktbeobachtung** und **Panel** [ein gleichbleibender Personenkreis wird wiederholt zum gleichen Themengebiet befragt]). Hinsichtlich der Art des Untersuchungsobjektes differenziert man in **ökoskopische** (objektiv beobachtbare Sachverhalte, z. B. Umsätze eines Handelsgeschäftes) und **demoskopische** (subjektive Sachverhalte, z. B. Meinungen von Verbrauchern) Marktforschung. Ob es sich um Primärforschung oder Sekundärforschung handelt, hängt von der Art der Informationsgewinnung ab (siehe unten). Je nachdem, auf welche Marktteilnehmer sich die Forschungsaktivitäten beziehen, spricht man von **Konsumenten**-, **Konkurrenz**- oder **Absatzmittlerforschung**. Schließlich wird häufig auch nach dem zugrundeliegenden Datenmaterial in **quantitative** (zahlenmäßig erfassbare Tatbestände) und

**qualitative** Marktforschung (schwer oder nicht quantifizierbare Daten, z. B. Expertenmeinungen) unterschieden.

Die Informationsgewinnung im Rahmen der Marketing- bzw. Marktforschung kann auf unterschiedlichem Datenmaterial beruhen. Mittels der **Primärforschung** (auch »**field research**« genannt) werden neue, bislang noch nicht erhobene Daten ermittelt. Die **Sekundärforschung** (»**desk research**«) bedient sich bereits vorhandenen Datenmaterials, das schon erhoben wurde. Grundsätzlich sind zuerst vorhandene Quellen zu untersuchen und auszuwerten, da sich so unter Umständen kostspielige Primärerhebungen erübrigen. Die Primärforschung lässt sich wie folgt weiter unterteilen (Abb. 86). **Marktanalysen** kennzeichnen einmalige Erhebungen. Diese können in Form von Beobachtungen, Befragungen und Experimenten durchgeführt werden.

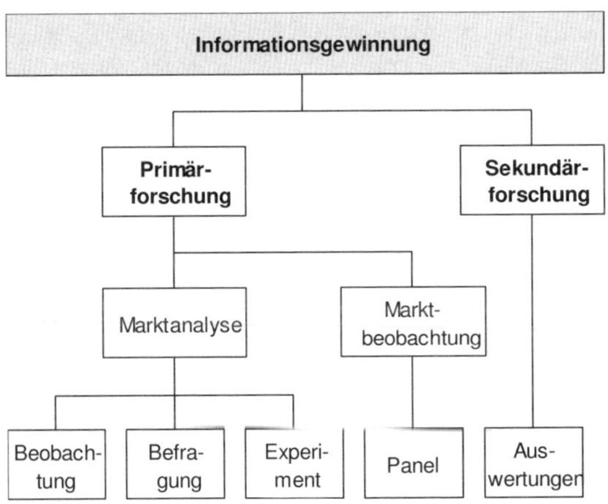


Abb. 86: Formen der Informationsgewinnung

Als **Beobachtung** bezeichnet man die systematische Erfassung von **sinnlich wahrnehmbaren Sachverhalten** zum Zeitpunkt ihres Geschehens. Im Vordergrund steht die Analyse des Verhaltens bzw. der Reaktionen der beobachteten Personen. Bei der **Befragung** sollen ausgewählte Personen zu bestimmten vorgegebenen Sachverhalten **Auskunft geben** bzw. **Stellung beziehen**. Die Befragung ist die am weitesten verbreitete und wichtigste Informationsgewinnungsmethode im Rahmen der Primärforschung des Marketing.

Als **Experiment** bezeichnet man eine **wiederholbare**, unter **kontrollierten**, vorher festgelegten **Bedingungen** durchgeführte **Versuchsanordnung**. Dabei wird die Wirkung einer oder mehrerer unabhängiger Faktoren auf eine bestimmte abhängige Variable gemessen. Experimente dienen häufig dazu, aufgestellte Hypothesen empirisch zu überprüfen. **Feldexperimente** finden unter »normalen« Umweltbedingungen statt, **Laborexperimente** unter künstlichen Bedingungen. In der Marketing-Forschung kommen Experimente insbesondere im Bereich der Erforschung des Konsumentenverhaltens zum Einsatz.

Quellen für **Sekundärinformationen** können sowohl im **unternehmensinternen** als auch im **unternehmensexternen** Bereich gefunden werden:

| **Quellen für Sekundärinformationen** | |
|---|---|
| Unternehmensintern: | Unternehmensextern: |
| ➢ Rechnungswesen<br>➢ Interne Statistiken<br>➢ Daten der Marketing-Forschung<br>➢ Controlling<br>➢ Tarifwesen/Produktentwicklung<br>➢ Berichte des Außendienstes<br>➢ Management-Informationssystem | ➢ Untersuchungen von Markt- und Meinungsforschungsinstituten<br>➢ Veröffentlichungen von statistischen Ämtern<br>➢ Veröffentlichungen statistischer Wirtschaftsdienste (z. B. IFO-Institut)<br>➢ Branchenstatistiken<br>➢ Berichte/Statistiken kooperierender Unternehmen<br>➢ Auskünfte/Berichte von Registern<br>➢ Veröffentlichungen von Aufsichtsämtern<br>➢ Fachliteratur<br>➢ Datenbanken (z. B. Internet) |

Abb. 87: Quellen von Sekundärinformationen

Im Zuge des Gedankens der **Marktsegmentierung** betrachtet man im Marketing den Gesamtmarkt der Nachfrager nicht mehr als homogene Einheit, sondern als **heterogen**. Dieser Gesamtmarkt kann in **homogenere Teilgruppen** (z. B. Kundengruppen) aufgeteilt werden. Auf Basis der Einteilung in unterschiedliche Kundengruppen können dann individuelle **Marketing-Mixes** konzipiert werden, d. h. gruppenspezifische Ausprägungen von produkt-, preis-, kommunikations- und distributionspolitischen Marketingmaßnahmen (vgl. Kapitel 3.3.3).

### 3.3.3 Aktionsseite des Marketing

Die aktionspolitischen Instrumente des Marketing bilden in ihrer Gesamtheit den sog. **Marketing-Mix**. Mittels jeweils individueller Kombinationen der Instrumente verfügen Unternehmen damit über zahlreiche Möglichkeiten der **Bedarfsdeckung** und -**weckung**. Die einzelnen Instrumente werden im Folgenden vorgestellt.

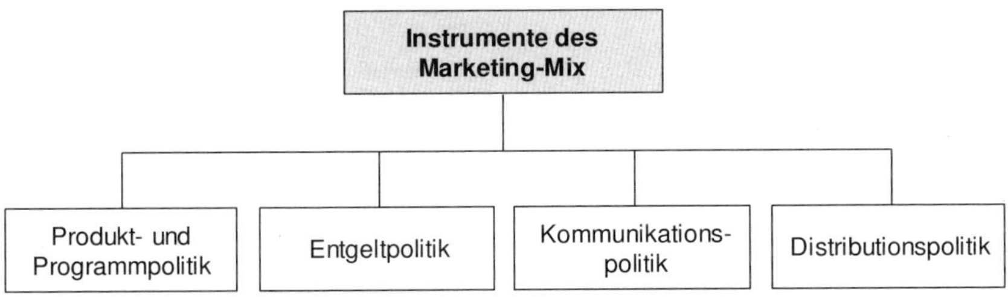


Abb. 88: Instrumente des Marketing-Mix

Die **Produkt**- und **Programmpolitik** lässt sich in folgende Teilgebiete aufgliedern:

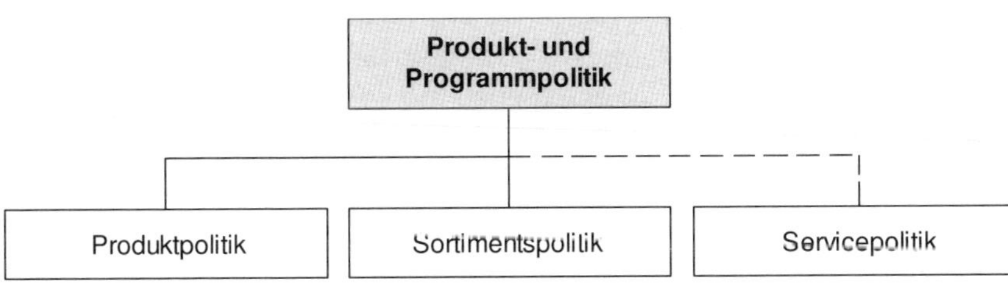


Abb. 89: Instrumente der Produkt- und Programmpolitik

Zur **Produktpolitik** (im engeren Sinne) zählen alle Entscheidungstatbestände, die sich auf die marktgerechte Gestaltung des Leistungsprogrammes eines Unternehmens beziehen, insbesondere folgende Aktionsmöglichkeiten:

| Produktpolitische Aktionsmöglichkeiten | |
|---|---|
| ➢ Produktinnovation: | Entwicklung von Produkten, die für den Markt und/oder das Unternehmen vollkommen neuartig sind. |
| ➢ Produktvariation: | Gewisse Eigenschaften bereits am Markt eingeführter Produkte sollen geändert werden mit dem Ziel, die Kosten zu senken, die Attraktivität zu erhöhen oder über Produktdifferenzierung bestimmte Kundensegmente optimal anzusprechen. |
| ➢ Produkteliminierung: | Bereinigung des Produktionsprogrammes, Produktaussonderung |
| ➢ Diversifikation: | Aufnahme neuer, andersartiger Produkte in das Produktions-/Absatzprogramm, um sich ein „zweites Standbein" zu schaffen |

Abb. 90: Produktpolitische Aktionsmöglichkeiten

In der **Sortiments**- bzw. **Programmpolitik** geht es um die optimale Zusammenstellung von Produkten. Steht die Gesamtheit aller (zu produzierenden) Produkte im Vordergrund, spricht man von Programmpolitik, der Begriff der Sortimentspolitik bezieht sich auf Handelsbetriebe. Bei der Sortimentsgestaltung wird unterschieden in **Sortimentsbreite** und **Sortimentstiefe**, die die Dimensionen der Gestaltung bestimmen. Die Sortimentsbreite kennzeichnet die Zahl der Warengruppen (z. B. Lebensmittel, Möbel), die Sortimentstiefe gibt die Zahl der Artikel innerhalb einer Warengruppe an.

Immer wichtiger, um sich von Wettbewerbern zu differenzieren, wird die **Servicepolitik**, die häufig der Produkt- und Programmpolitik zugeordnet wird (obwohl sie sich nicht ausschließlich auf produktpolitische Maßnahmen bezieht; sie ist daher in Abb. 89 mit einer gestrichelten Linie versehen). **Service** kann als **Zusatzleistung** zu einem Produkt verstanden werden, wobei diese Leistungen durch **Freiwilligkeit** und **Unentgeltlichkeit** gekennzeichnet sind.

Die **Entgeltpolitik**, auch **Preispolitik** (i. w. S.) oder **Kontrahierungspolitik** genannt, bezieht sich auf sämtliche Entscheidungen zur Festlegung der Konditionen für die Leistungen des Unternehmens:

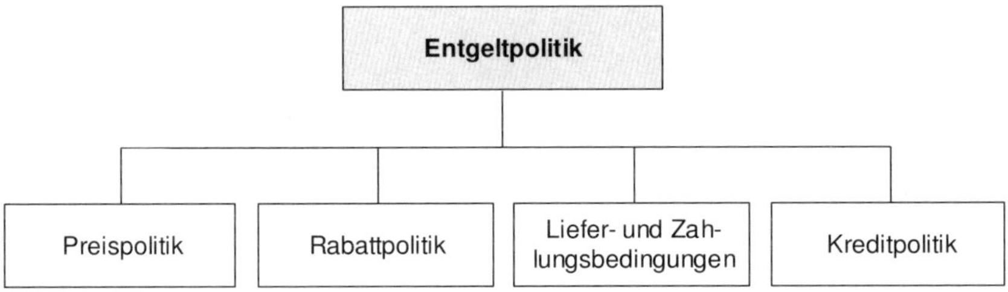


Abb. 91: Instrumente der Entgeltpolitik

Im Zuge der **Preispolitik** (i. e. S.) wird die Höhe des Preises für Marktleistungen, einerseits für Neuprodukte, andererseits bei Preisänderungen festgelegt. Außerdem soll das optimale Preisverhältnis bezüglich verschiedener Produkte ermittelt werden. Die Festsetzung des Preises erfolgt unter Beachtung der **Selbstkosten**, die zur Herstellung und Vermarktung anfallen, sowie vor dem Hintergrund der **Wettbewerber** (Konkurrenz) und der Preisvorstellungen der **Nachfrager**. Man spricht daher auch vom »magischen Dreieck« preispolitischer Spielräume:

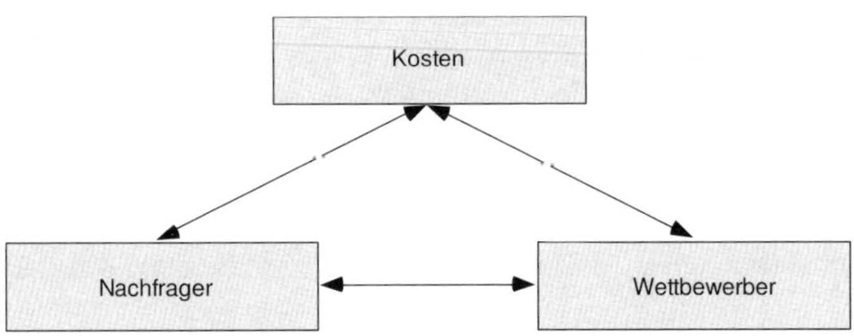


Abb. 92: Magisches Dreieck der Preisgestaltung

**Rabatte** stellen Preisnachlässe dar, die für bestimmte Leistungen, die der Abnehmer erbringt, gewährt werden. Mit der Rabattpolitik kann der einmal festgelegte Preis modifiziert werden. Insofern ist die Rabattpolitik als Mittel der **preispolitischen Feinjustage** zu verstehen. Folgende Rabattarten werden unterschieden: **Funktionsrabatte** (z. B. an den Handel als Vergütung für dessen Leistungen), **Mengenrabatte**

(Preisnachlass bei Abnahme großer Mengen) und **Zeitrabatte** (z. B. Einführungsrabatt zur Gewinnung von Kunden bei der Produkteinführung). Die Zielsetzung der Rabattpolitik liegt u. a. in der Umsatz-/Absatzausweitung, der Erhöhung der Kundentreue und der Rationalisierung der Auftragsabwicklung.

Mit der Festlegung der **Liefer- und Zahlungsbedingungen** werden die Modalitäten der Übergabe und des Gefahren- und Eigentumsübergangs der Produkte vom Lieferanten an den Abnehmer und die Art und Weise der Entrichtung des Kaufpreises geregelt. Hierzu zählen insbesondere:

| Aktionsmöglichkeiten der Liefer- und Zahlungsbedingungen |
|---|
| ➢ Ort und Zeit der Warenübergabe<br>➢ Umtauschrecht<br>➢ Konventionalstrafen bei verspäteter Lieferung<br>➢ Mindestabnahmemengen<br>➢ Zahlungsweise (bar, Vorauszahlung, Ratenzahlung)<br>➢ Sicherheiten<br>➢ Inzahlungnahme |

Abb. 93: Aktionsmöglichkeiten der Liefer- und Zahlungsbedingungen

Im Rahmen der **Kreditpolitik** oder **Absatzfinanzierungspolitik** wird versucht, die Abnehmer entweder früher oder überhaupt erst zum Kauf zu veranlassen. Mittels der Kreditpolitik soll der Absatz durch die Stärkung der Kaufkraft der Nachfrager erhöht werden. Man unterscheidet in absatzpolitische Finanzierungspolitik gegenüber den **Absatzorganen** (z.B. Gewährung eines Lieferantenkredites) und gegenüber den **Konsumenten** (z. B. extrem günstige Zinssätze bei Teilzahlungskrediten).

**Kommunikationspolitik** bezeichnet die bewusste Gestaltung aller auf die Umwelt gerichteten Informationen eines Unternehmens sowie deren Abstimmung in einem integrierten Konzept.

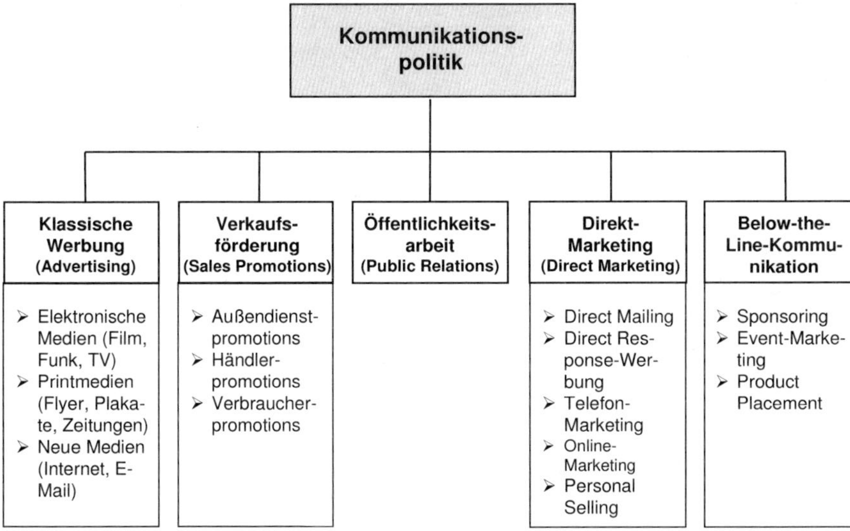


Abb. 94: Instrumente der Kommunikationspolitik (vgl., Kühlmann, Knut; Käßer-Pawelka, Günter; Wengert, Holger; Kurtenbach, Wolfgang W., Marketing für Finanzdienstleistungen, 5. Aufl., Frankfurt/M. 2002, S. 201)

Zum Einsatz kommen Instrumente der direkten (von einer Person zur anderen) und indirekten Kommunikation (über Medien).

Die **klassische Werbung** stellt nach wie vor das bedeutendste Kommunikationsinstrument dar. Mit Hilfe von Werbemaßnahmen über Massenkommunikationsmittel (z. B. TV) sollen relevante Zielgruppen zu einem bestimmten Verhalten bewegt werden. Dazu werden Informationen übermittelt, der Bedarf beim Verbraucher erkennbar gemacht, gelenkt und geweckt; außerdem sollen verkaufsgünstige Images geschaffen werden.

Eingesetzt werden zu diesem Zweck die sog. **Werbemittel**, verbal oder visuell gestaltete Werbebotschaften (z. B. Fernsehspots, Anzeigen/Inserate). Über **Werbeträger** (Medien, z. B. Fernsehen, Zeitungen) werden die Werbemittel an potenzielle Kunden herangetragen. **Werbeziele** können **ökonomisch** (z. B. Umsatzerhöhung) oder **kommunikativ** (z. B. Erhöhung des Bekanntheitsgrades) ausgerichtet sein. Die folgende Abbildung vermittelt einen Eindruck der Größenordnung von Werbemaßnahmen in Deutschland:

| Die größten werbenden Unternehmen im Jahr 2003 | |
|---|---|
| **Unternehmen** | **Spendings in 2003 in Mio. €** |
| Procter & Gamble | 276,8 |
| Lidl & Schwarz | 270,5 |
| Media Markt + Saturn | 247,6 |
| Axel Springer | 245,6 |
| Ferrero | 233,4 |
| L`Oreal | 222,8 |
| Aldi Süd | 187,9 |
| Volkswagen | 164,1 |
| Gruner + Jahr | 154,3 |
| Unilever Bestfoods | 152,3 |

Abb. 95: Top 10 der werbenden Unternehmen in Deutschland 2003 (Quelle: http://www.wuv.de/daten/ unternehmen/charts/012004/822/index.html vom 27.06.04)

Als **Verkaufsförderung** bezeichnet man alle Maßnahmen zur kurzfristigen und unmittelbaren Stimulierung des Absatzes. Verkaufsförderungsmaßnahmen können sich auf den **Außendienst** beziehen (**Außendienstpromotions**, z. B. Wettbewerbe um den besten Verkäufer), auf **Händler** (**Händlerpromotions**, z. B. Unterstützung bei Verkaufspräsentation) oder auf **Verbraucher** (**Verbraucherpromotions**, z. B. Warenproben).

Mit Hilfe der **Öffentlichkeitsarbeit** (**Public Relations**, **PR**) soll bei ausgewählten Zielgruppen (unternehmensextern und -intern) Verständnis und Vertrauen für ein Unternehmen hergestellt werden, die Beziehungen zur Öffentlichkeit sollen gepflegt werden. Beispiele für PR-Arbeit sind Pressekonferenzen, PR-Anzeigen, Stiftungen, Tage der offenen Tür usw. Auf diesem Wege sollen Informationen über Aktivitäten des Unternehmens gegeben werden, Kontakte zu unternehmensrelevanten Personenkreisen gepflegt und »Goodwill« für das Unternehmen geschaffen werden (»Tue Gutes und rede darüber«).

In letzter Zeit wichtiger werdend sind die Instrumente des **Direktmarketing**, bei dem es sich um ein interaktives System handelt, das ein oder mehrere Medien nutzt, um direkt potenzielle Kunden anzusprechen. Das Direktmarketing steht in engem Zusammenhang mit der Gewinnung und Verarbeitung von qualifizierten Adressen, weshalb zur Nutzung ein funktionierendes **Database-Marketing** (Speicherung aller erforderlichen Daten in einer zentralen Datenbank, Datenpflege und -bereitstellung) erforderlich ist. Zum Instrumentarium des Direktmarketing zählen **Direct Mailing** (Ansprache durch individuell adressierte Werbebriefe), **Direct-Response-Werbung** (Adressaten haben direkte Feedback-Möglichkeit, z. B. Teleshopping), **Telefonmarketing** (unterliegt in Deutschland engen Restriktionen), **Online-Marketing** (über das Internet) und das **Personal Selling** (persönlicher Verkauf, direkte Kommunikation von Verkaufsorganen [des Verkäufers] mit dem Kunden).

Sponsoring, Event-Marketing und Product Placement sind Instrumente der »**Below-the-Line-Kommunikation**«. Infolge der Reizüberflutung mit klassischen Werbemaßnahmen und damit verbundenen »Abwehrmaßnahmen« (z. B. Zapping), wird es immer schwieriger, die relevanten Zielgruppen mit der Unternehmenskommunikation zu erreichen. Vor diesem Hintergrund sind in den letzten Jahren neue, unkonventionelle Wege der Ansprache entwickelt worden. Beim **Sponsoring** stellt der Sponsor (z. B. ein Unternehmen) dem Gesponserten (z. B. einem Sportler) Geld, Sachmittel und/oder Dienstleistungen zur Verfügung, um eine vertraglich vereinbarte Gegenleistung (z. B. das Vorzeigen eines Logos) zu erhalten. Sponsoring ist in den Bereichen Sport, Kultur, Soziales und Ökologie möglich. **Product Placement** bezeichnet die gezielte Platzierung (Nennung und/oder optische Präsentation) als solcher erkennbarer Produkte, Unternehmen, Ideen o. ä. als lebensechte Requisiten in Spielfilmen oder Beiträgen des redaktionellen Teils des Fernsehens/Rundfunks oder in Videoclips gegen Entgelt.

Unter **Event-Marketing** (engl. event = Ereignis; z. B. Händlerpräsentationen bei der Neueinführung von Produkten) versteht man inszenierte Ereignisse sowie deren Planung und Organisation, um durch erlebnisorientierte und produktbezogene Veranstaltungen emotionale Reize zu bieten. Wesentlicher Charakter des Event-Marketing ist der direkte persönliche Kontakt. Event-Marketing ist stets dialogorientiert und damit eine sehr direkte Form der Kundenkommunikation.

Die **Distributionspolitik** beschäftigt sich mit dem Weg eines Produktes/einer Leistung vom Produzenten zum Endverbraucher. Im Rahmen der Distributionspolitik werden Entscheidungen getroffen bezüglich des Systems der Absatzwege und über logistische Systeme:

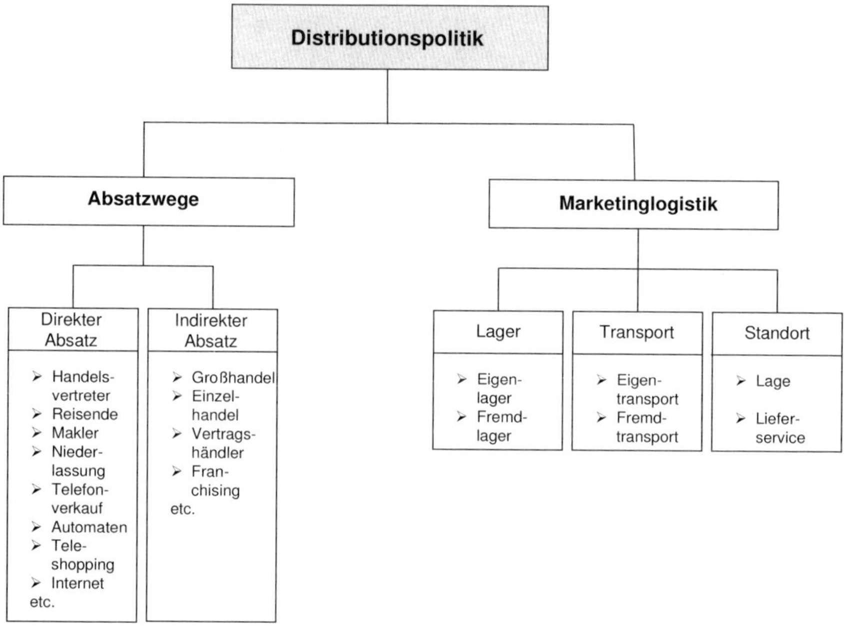


Abb. 96: Entscheidungen im Rahmen der Distributionspolitik (Abb. in Anlehnung an: Weis, Hans Christian, Marketing, 14. Aufl., Ludwigshafen 2007, S. 365)

Mit der Wahl der **Absatzwege** erfolgt die Festlegung der Art und Zahl von Institutionen, die auf dem Weg vom Produzenten zum Endverbraucher durchlaufen werden.

Unter dem Begriff **Marketing-Logistik** bzw. **physische Distribution** versteht man alle Tätigkeiten, mit denen die Transport- und Lagervorgänge zur Auslieferung der Unternehmensleistungen gestaltet werden. Distributionspolitische Zielsetzungen können unterschiedlich orientiert sein:

Abb. 97: Ziele der Distributionspolitik

Zu den **ökonomisch orientierten** Zielen zählen z.B. Absatzmengen, Umsätze, Marktanteile oder Vertriebskosten. **Versorgungsorientierte Ziele** beziehen sich beispielsweise auf Lieferzeiten, Lieferbereitschaft oder Lieferzuverlässigkeit. Das Image von Absatzkanälen oder die Kooperationsbereitschaft eines Absatzkanals sind Beispiele für **psychologisch orientierte** distributionspolitische Ziele. Folgende Einflussgrößen beeinflussen die Wahl von Vertriebssystemen:

| **Einflussgrößen für die Wahl von Vertriebssystemen** | |
|---|---|
| **Einflussfaktoren:** | **Beispiele:** |
| produktbezogen | ➢ Erklärungsbedürftigkeit<br>➢ Verderblichkeit |
| unternehmensbezogen | ➢ Größe<br>➢ Finanzkraft |
| marktbezogen | ➢ Marktposition der Vertriebskanäle<br>➢ Wachstumsraten der Vertriebskanäle |
| kundenbezogen | ➢ Einkaufsverhalten<br>➢ Image bei den Endverbrauchern |
| handelsbezogen | ➢ Vertragliche Bindungen zu bestehenden Vertriebskanälen |
| konkurrenzbezogen | ➢ Vertriebskanäle der Hauptkonkurrenten |
| umfeldbezogen | ➢ Verfügbarkeit neuer Technologien (z. B. Internet) |

Abb. 98: Wahl von Vertriebssystemen

## 3.4 Investition und Finanzierung

### 3.4.1 Grundlagen

Wie in Kapitel 1.4, Abbildung 8 dargestellt, sind Unternehmen durch Realgüterströme und Nominalgüterströme mit der Umwelt verbunden. Derjenige Bereich des Unternehmens, der sich mit der **Steuerung der Nominalgüterströme** befasst, heißt **Finanzbereich**. Mit den Vorgängen im Finanzbereich beschäftigt sich die **betriebliche Finanzwirtschaft**. Finanzwirtschaftliche Entscheidungen haben dabei folgende Perspektiven:

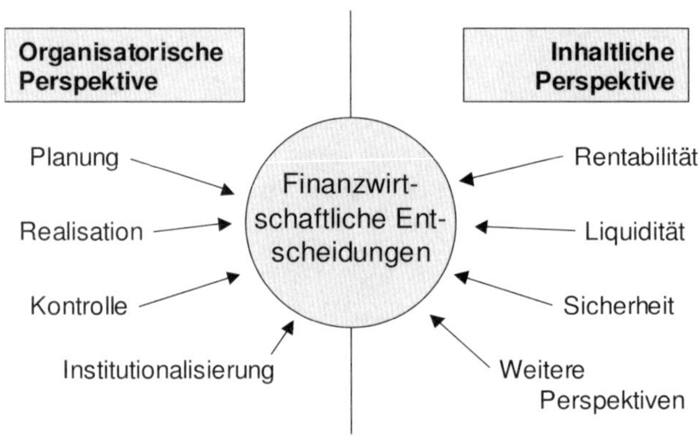


Abb. 99: Finanzwirtschaftliche Entscheidungen (in Anlehnung an: Veit, Thomas; Walz, Hartmut; Gramlich, Dieter, Investitions- und Finanzplanung, 6. Aufl., Heidelberg 2004, S. 4)

Aus **inhaltlicher Perspektive** liegen finanzwirtschaftlichen Entscheidungen insbesondere die Bereiche von Rentabilität, Liquidität und Sicherheit zugrunde (vgl. Kapitel 1.3). Im einzelnen stehen dabei Fragen im Vordergrund, wie sich die Vorteilhaftigkeit von Investitions- und Finanzierungsprojekten bestimmen lässt, wie der Ausgleich von Ein- und Auszahlungen gewährleistet werden kann und welche Alternativen zur Mittelbeschaffung bzw. -anlage verfügbar sind (*Walz; Gramlich*). Unter **Finanzierung** kann man in diesem Zusammenhang die **Beschaffung finanzieller Mittel** und als **Investition** deren **Verwendung** verstehen. Daneben finden sich in der BWL weitere Definitionen, wie z. B. eher finanzmathematisch orientierte, nach denen Investitionen auch als Projekte gekennzeichnet werden, die durch eine prognostizierte **Zahlungsreihe** charakterisiert sind, die aus Sicht des Unternehmens mit einer **Auszahlung** beginnt. **Finanzierungsprojekte** wären demzufolge dann gegeben, wenn Zahlungsreihen vorliegen, die mit einer **Einzahlung** beginnen.

Investitionen lassen sich nach folgenden Kriterien unterscheiden:

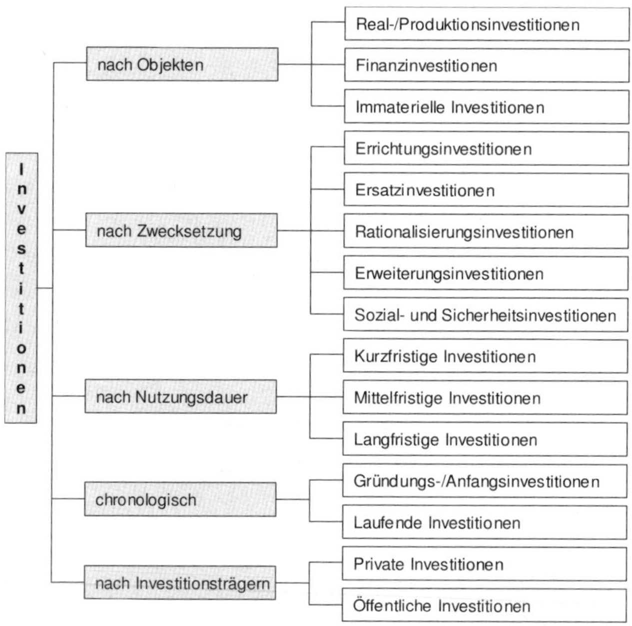


Abb. 100: Klassifikation von Investitionen (vgl. Däumler, Klaus-Dieter; Grabe, Jürgen, Grundlagen der Investitions- und Wirtschaftlichkeitsrechnung, 12. Aufl., Herne/Berlin 2007, S. 16)

**Real-/Produktionsinvestitionen** sind z. B. Investitionen in Maschinen, Grundstücke oder Gebäude. Sofern in Pfandbriefe, Obligationen o. ä. investiert wird, handelt es sich um **Finanzinvestitionen**. Als **immaterielle Investitionen** bezeichnet man solche in Forschung und Entwicklung oder Werbung. **Errichtungsinvestitionen** werden am Anfang von z. B. Produktionsprozessen getätigt, **Ersatzinvestitionen** dienen der Aufrechterhaltung dieser Prozesse. **Sozial**- und **Sicherheitsinvestitionen** liegen u. a. im Falle des Errichtens von Kantinen oder beim Einbau von Sprinkleranlagen vor.

Sofern finanzwirtschaftlichen Entscheidungen eine **organisatorische Perspektive** zugrunde liegt, bezieht sich diese einerseits auf die Schritte, in denen sich Entscheidungen vollziehen (Planung, Realisation, Kontrolle). Andererseits spielt auch die organisatorische Verankerung dieser Entscheidungen im Unternehmen eine wichtige Rolle (Institutionalisierungsaspekt).

### 3.4.2 Investitionsrechnungsverfahren

Investitions- und Finanzierungsprojekte werden aus finanzwirtschaftlicher Sicht ausschließlich anhand der durch sie bewirkten Zahlungsströme bewertet. Vorteilhaftigkeitsanalysen setzen daher überwiegend auf der Zahlungsmittelebene an (Ausnahme: vgl. die unten angesprochenen sog. »Statischen Verfahren«). Zur Beurteilung von Investitionsentscheidungen wurden in der BWL zahlreiche Modellansätze entwickelt:

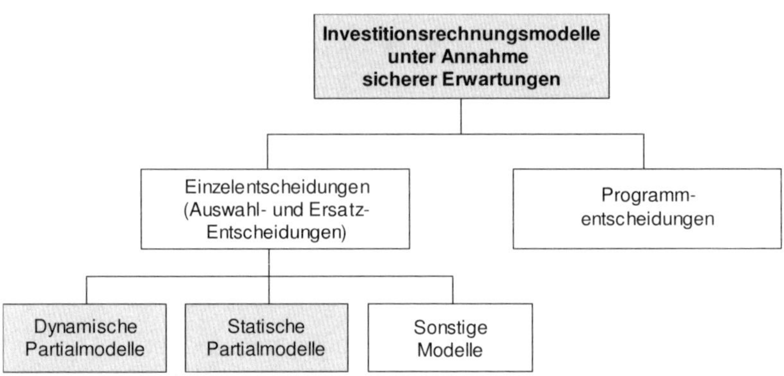


Abb. 101: Investitionsrechnungsmodelle

Investitionsrechnungsmodelle wurden sowohl für **sichere** zukünftige Erwartungen als auch für **unsichere** zukünftige Erwartungen (vgl. Kapitel 1.5) entwickelt. Weiterhin existieren vielfältige Varianten, die sowohl ganze Investitionsprogramme oder einzelne Investitionen – ohne sonst vorgenommene zahlreiche Modellvereinfachungen – beurteilen. Hier soll die Darstellung beschränkt werden auf die in der BWL und in der Praxis weit verbreiteten **statischen** und **dynamischen Verfahren** (Partialmodelle) der Investitionsbeurteilung.

| Investitionsrechnungsverfahren | |
|---|---|
| Statische Verfahren | Dynamische Verfahren |
| ➢ Kostenvergleichsrechnung<br>➢ Gewinnvergleichsrechnung<br>➢ Rentabilitätsvergleichsrechnung<br>➢ Statische Amortisationsrechnung | ➢ Kapitalwertmethode<br>➢ Annuitätenmethode<br>➢ Interne-Zinsfuß-Methode<br>➢ Dynamische Amortisationsrechnung |

Abb. 102: Statische und dynamische Investitionsrechnungsverfahren

Mittels dieser Verfahren sollen folgende Fragen geklärt werden:

- Ist ein einzelnes Projekt vorteilhaft? (absolute Vorteilhaftigkeit)
- Welches von mehreren Projekten ist am vorteilhaftesten oder in welcher Reihenfolge sollen Projekte realisiert werden? (relative Vorteilhaftigkeit)
- Welche ist die optimale Nutzungsdauer?

**Dynamische Verfahren** sind grundsätzlich aussagekräftiger als die **statischen Verfahren**, allerdings komplizierter zu handhaben. Dynamische Verfahren stützen sich auf **finanzmathematische Grundlagen**, der **Zins** steht im Mittelpunkt der Betrachtungen. Ein- und Auszahlungen, die zu unterschiedlichen Zeitpunkten anfallen, werden mittels des Zinses vergleichbar gemacht und einander gegenübergestellt. Die statischen Verfahren tragen vielfach Merkmale von **Faustregeln**, die sich in der Praxis herausgebildet haben. Sie sind **nicht** finanzmathematisch fundiert, Rechenelemente sind nicht Ein- und Auszahlungen, sondern Kosten und Gewinne (bzw. Aufwand/ Ertrag):

| Grundfragen | Antwort bei statischen Methoden | Antwort bei dynamischen Methoden |
|---|---|---|
| Wird eine finanzmathematische Basis genutzt? | Nein | Ja |
| Werden Zeitunterschiede beim Anfall der Rechnungselemente berücksichtigt? | Zeitunterschiede werden nicht oder nicht korrekt berücksichtigt | Zeitunterschiede werden durch Auf- oder Abzinsen korrekt berücksichtigt |
| Welche Rechnungselemente werden genutzt? | Kosten und Leistungen bzw. Aufwand und Ertrag | Ein- und Auszahlungen bzw. Einnahmen u. Ausgaben |
| Wie werden die Rechnungselemente festgelegt? | „Primitive" Methode: Werte des Erstjahres<br>„Verbesserte" Methoden: Einzelschätzung mit Durchschnittsbildung oder repräsentative Periode | Einzelschätzung und gegebenenfalls auch Einzeldiskontierung |

Abb. 103: Vergleich von statischen und dynamischen Verfahren (Quelle: Däumler, Klaus-Dieter; Grabe, Jürgen, Grundlagen der Investitions- und Wirtschaftlichkeitsrechnung, 12. Aufl., Berlin 2007, S. 168)

Abbildung 104 zeigt einige Charakteristika ausgewählter dynamischer Verfahren im Überblick:

| Methode / Charakter | **Kapitalwertmethode** ($C_0$-Methode) | **Annuitätenmethode** | **Interne Zinsfußmethode** | **Dynamische Amortisationsrechnung** |
|---|---|---|---|---|
| Beschreibung | Kapitalwert ($C_0$) = Summe aller auf den Betrachtungszeitpunkt $t_0$ abgezinsten Ein- und Auszahlungen eines Investitionsprojektes | Annuität = Betrag, den der Investor am Ende jeder Periode in gleichbleibender Höhe entnehmen kann, ohne die Verzinsung mit i und die Rückgewinnung des gebundenen Kapitals zu beeinträchtigen; Durchschnittseinkommen pro Periode | Interne Rendite r = effektive Verzinsung des in einem Investitionsprojektes gebundenen Kapitals; entspricht dem Zinssatz, bei dem der Kapitalwert „Null“ wird | Amortisationsdauer = Zeitraum, in dem der Barwert anfallender Einzahlungsüberschüsse die Höhe der Anschaffungsauszahlung erreicht |
| Schwächen | Zur Ermittlung von $C_0$ muss Kalkulationszinssatz i bekannt sein. Bei Änderungen von i muss neue Rechnung erfolgen | Wie bei $C_0$-Methode | Relativ höherer Rechenaufwand als bei $C_0$-Methode; Problematik der Mehrdeutigkeit/des Fehlens von r | Aufgrund erheblicher Mängel wird von alleiniger Orientierung an dieser Methode dringend abgeraten |

Abb. 104: Überblick dynamischer Investitionsrechnungsverfahren

### 3.4.3 Finanzplanung

Die **Finanzplanung** eines Unternehmens beschäftigt sich mit den **Zahlungsströmen**, die sich aus der Geschäftstätigkeit ergeben. Ein- und Auszahlungen verschiedener Zeiträume werden analysiert, um für jede der betrachteten Perioden den **Finanzmittelbedarf** bzw. einen eventuellen **-überschuss** zu ermitteln. Auf diese Art und Weise sollen Veränderungen des Liquiditätsbestandes prognostiziert werden, um die jederzeitige Zahlungsfähigkeit (vgl. Kapitel 1.3) des Unternehmens sicherzustellen. Man unterscheidet die kurzfristig orientierte **Liquiditätsplanung** (Planungshorizont bis zu einem Jahr) und die langfristig ausgerichtete **Kapitalbedarfsplanung** (Planungshorizont über mehrere Jahre). Ein Finanzplan erfasst alle erwarteten Ein- und

Auszahlungen **vollständig** und **termingenau**. Wenn Finanzpläne in Unternehmen dokumentiert und als verbindliche Leitlinien vorgegeben werden, bezeichnet man sie häufig auch als **Budgets**. Kapitalbedarf und Deckungsmöglichkeiten resultieren nicht nur aus finanzwirtschaftlichen, sondern auch aus güterwirtschaftlichen Vorgängen (vgl. Abb. 8). Die Finanzplanung ist damit Teil des gesamten Planungssystems des Unternehmens:

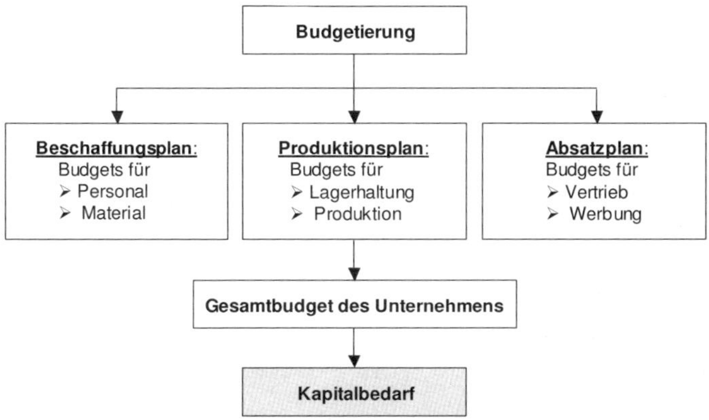


Abb. 105: Budgetierung im Rahmen der Finanzplanung (Quelle: Schneck, Ottmar, Finanzierung, 2. Aufl., Frankfurt/Main 2004, S. 144)

Im Rahmen der langfristig orientierten Kapitalbedarfsplanung können Zahlungsströme zu Periodengrößen zusammengefasst und in Form von **kumulierten Ein- und Auszahlungen** einander gegenüber gestellt werden. **Liquiditätsengpässe** lassen sich auf diese Weise sichtbar machen:

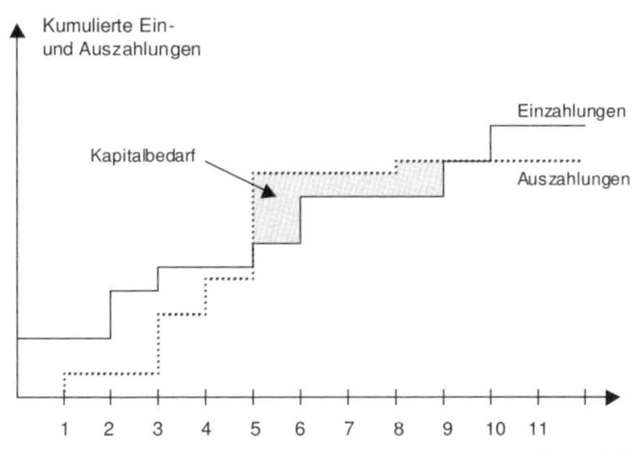


Abb. 106: Kapitalbedarfsermittlung im Zeitablauf

Die Deckung des Kapitalbedarfs, der im Rahmen langfristiger Prognosen ermittelt wurde, kann in einem **langfristigen Finanzplan** dargestellt werden:

| **Kapitalbedarfs- und Kapitaldeckungsplan** | |
|---|---|
| Dauerhafter Kapitalbedarf der Planperiode | Betrag |
| a) Kapitalbindende Maßnahmen<br>➢ Investitionen in Sachanlagen<br>➢ Langfristige Finanzinvestitionen<br>➢ Erhöhung des Betriebskapitals<br>b) Kapitalentziehende Maßnahmen<br>➢ Eigenkapitalverringerung<br>➢ Rückzahlung langfristiger Kredite | |
| Summe des Kapitalbedarfs der Planperiode | |
| Finanzierungsquellen der Planperiode | |
| a) Ordentlicher Umsatzüberschuss<br>b) Eigenkapitalzuführung<br>c) Fremdkapitalaufnahme | |
| Summe der Finanzierungsquellen der Planperiode | |

Abb. 107: Langfristiger Finanzplan mit Kapitalbedarfs- und Kapitaldeckungsplan

Dieser besteht aus zwei Teilen, dem **Kapitalbedarfs-** und dem **Kapitaldeckungsplan**. Der eigentliche Kapitalbedarf ergibt sich aus der Differenz der beiden Teilpläne.

Zur Gewährleistung der Liquidität im Sinne der Fähigkeit, jederzeit die fälligen Zahlungsverpflichtungen begleichen zu können, wird die kurzfristige **Liquiditätsplanung** eingesetzt. Abb. 108 zeigt die Grundstruktur eines Liquiditätsplans:

| Liquiditätsplan 2008 | Januar | Februar | ....... |
|---|---|---|---|
| **1 Liquide Mittel**<br>1.1 Kassen<br>1.2 Girokonten<br>1.3 Geldmarktkonten etc.<br>**Gesamtbestand** | | | |
| **2 Planeinzahlungen**<br>2.1 Ordentliche Umsätze<br>2.2 Desinvestitionen<br>2.3 Kapitalerhöhung etc.<br>**Summe Einzahlungen** | | | |
| **3 Planauszahlungen**<br>3.1 Laufende Geschäfte<br>3.2 Investitionen<br>3.3 Finanzverkehr etc.<br>**Summe Auszahlungen** | | | |
| **4 Geplanter Endbestand an liquiden Mitteln (1 + 2 – 3)** | | | |
| **5 Eventuelle Ausgleichsmaßnahmen**<br>5.1 Bei Unterdeckung<br>➢ Kreditaufnahme<br>➢ Eigenkapitalerhöhung etc.<br>5.2 Bei Überdeckung<br>➢ Kreditrückführung<br>➢ Finanzanlagen etc. | | | |
| **6 Geplanter Endbestand an liquiden Mitteln nach Ausgleichsmaßnahmen** | | | |

Abb. 108: Beispiel eines kurzfristigen Liquiditätsplans

Sofern die Finanzplanung ergibt, dass die vorhandenen finanziellen Mittel zur Deckung des – kurz- oder langfristigen – Kapitalbedarfs nicht ausreichen, werden **Anpassungsmaßnahmen** erforderlich. Diese Aktionen können sowohl den güterwirtschaftlichen (Mengen und Preise der Güter) als auch den finanzwirtschaftlichen Bereich betreffen. Falls Maßnahmen wie z. B. die Beschleunigung von Umsatzeinnahmen (z. B. durch entsprechende Skontopolitik) oder die Verzögerung von Ausgaben (z. B. durch Hinausschieben disponibler Kredittilgungen) nicht ausreichen, kommen zur Kapitalaufbringung unterschiedliche Finanzierungsalternativen in Betracht, die in Kapitel 3.4.4 beschrieben werden.

### 3.4.4 Arten und Formen der Finanzierung

Betriebliche Finanzierungsmaßnahmen lassen sich nach unterschiedlichen Kriterien klassifizieren:

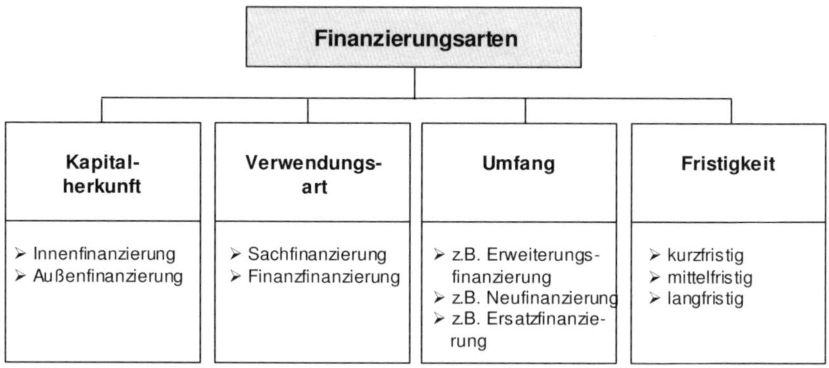


Abb. 109: Finanzierungsarten

Eine häufig verwendete Unterscheidung ist diejenige nach der **Herkunft der Mittel**: man differenziert zwischen **Außen- und Innenfinanzierung**:

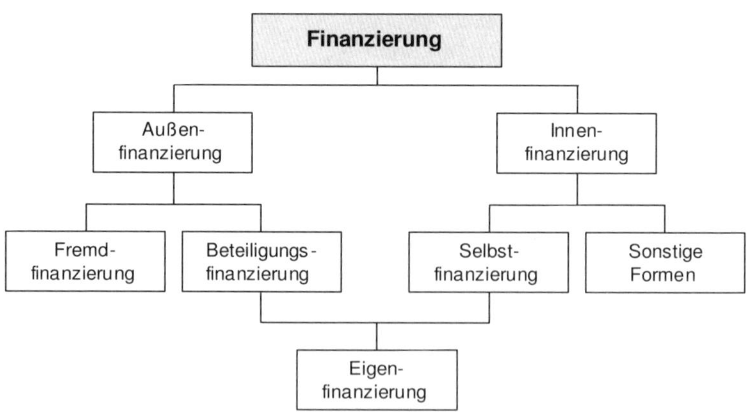


Abb. 110: Formen der Finanzierung (Quelle: Sprink, Joachim, Finanzierung, Stuttgart, Berlin, Köln 2000, S. 7)

Im Rahmen der **Außenfinanzierung** werden dem Unternehmen finanzielle Mittel von **außen** (z. B. Kredite von einer Bank) zugeführt, bei der **Innenfinanzierung** werden die Finanzmittel **unternehmensintern** aufgebracht (z. B. durch die Umsätze). Von **Fremdfinanzierung** spricht man, wenn Fremdkapital ins Unternehmen fließt, also Ansprüche Dritter gegenüber dem Unternehmen entstehen. Werden einem Unternehmen durch den/die Eigentümer, durch Miteigentümer oder durch Anteilseigner finanzielle Mittel von außen zugeführt, handelt es sich um eine **Eigenfinanzierung** in Form der Einlagen- bzw. **Beteiligungsfinanzierung**. Bei der **Selbstfinanzierung** wird der Kapitalbedarf des Unternehmens durch die **Einbehaltung** (**Thesaurierung**) von **Gewinnen** gedeckt. Je nachdem, ob die Rücklagenbildung offen in der Bilanz sichtbar wird oder sogenannte stille Rücklagen gebildet werden, unterscheidet man die offene und stille Selbstfinanzierung.

Betreffend die **Verwendungsart** und den **Umfang** unterscheidet man entsprechend den Investitionsbegriffen (vgl. Kapitel 3.4.1) in **Sach- und Finanzfinanzierungen** bzw. **Erweiterungs**-, **Neu**- und **Ersatzfinanzierungen**.

Nach dem Kriterium der **Fristigkeit** lassen sich Finanzierungen in kurz-, mittel- und langfristige einteilen. Die Zeiträume sind mit denen der Planung (vgl. Kapitel 2.1.1) vergleichbar. **Kurzfristig**: Zeitraum ca. ≤ 1Jahr, **mittelfristig**: Zeitraum ca. zwischen 1 und 4 Jahren, **langfristig**: Zeitraum ca. > 4 Jahre.

Unternehmen, die als Nachfrager Kapital benötigen, suchen Privatpersonen oder andere Unternehmen, die als Anbieter Kapital zur Verfügung stellen. Anbieter und Nachfrager von Kapital treffen auf dem Markt für Finanzierungstitel zusammen: den Markt für **langfristige Finanzierungstitel** bezeichnet man als **Kapitalmarkt**, den Markt für **kurzfristige** als **Geldmarkt**.

## Quellen und weiterführende Literatur

Bamberg, Günter; Coenenberg, Adolf G., Betriebswirtschaftliche Entscheidungslehre, 13. Aufl., München 2006

Bea, Franz Xaver; Friedl, Birgit; Schweitzer, Marcell, Allgemeine Betriebswirtschaftslehre, Bd. 1, 9. Aufl., Stuttgart 2004

Bea, Franz Xaver; Friedl, Birgit; Schweitzer, Marcell, Allgemeine Betriebswirtschaftslehre, Bd. 2, 9. Aufl., Stuttgart 2005

Bea, Franz Xaver; Friedl, Birgit; Schweitzer, Marcell, Allgemeine Betriebswirtschaftslehre, Bd. 3, 9. Aufl., Stuttgart 2006

Bea, Franz Xaver; Haas, Jürgen, Strategisches Management, 4. Aufl., Stuttgart, Jena 2005

Berning, Ralf, Grundlagen der Produktion, Berlin 2001

Bleicher, Knut, Organisation: Strategien – Strukturen – Kulturen, 2. Aufl., Wiesbaden 1991

Blohm, Hans; Lüder, Klaus; Schaefer, Christian, Investition, 9. Aufl., München 2006

Bruhn, Manfred, Marketing: Grundlagen für Studium und Praxis, 8. Aufl., Wiesbaden 2007

Corsten, Hans, Produktionswirtschaft, 11. Aufl., München, Wien 2007

Däumler, Klaus-Dieter; Grabe, Jürgen, Grundlagen der Investitions- und Wirtschaftlichkeitsrechnung, 12. Aufl., Herne, Berlin 2007

Dellmann, Klaus, Kosten- und Leistungsrechnung, in: Bitz, Michael et al. (Hrsg.): Vahlens Kompendium der Betriebswirtschaftslehre, Bd. 1, 4. Aufl., München 1998, S. 587 – 676

Demsetz, Harold, Toward a Theory of Property Rights, in: American Economic Review 1967, S. 347 – 359

Ditges, Johannes; Arendt, Uwe, Internationale Rechnungslegung nach IFRS, 3. Aufl., Ludwigshafen 2008

Ebel, Bernd, Produktionswirtschaft, 9. Aufl., Ludwigshafen 2008

Farny, Dieter, Versicherungsbetriebslehre, 4. Aufl., Karlsruhe 2006

Götzinger, Manfred K.; Michael, Horst, Kosten- und Leistungsrechnung, 5. Aufl., Heidelberg 1990

Gräfer, Horst; Sorgenfrei, Christiane, Rechnungslegung, 3. Aufl., Berlin 2004

Grefe, Cord, Kompakt-Training Bilanzen, 5. Aufl., Ludwigshafen 2006

Gutenberg, Erich, Grundlagen der Betriebswirtschaftslehre, Bd. I: Die Produktion, 24. Aufl., Berlin et al. 1983

Gutenberg, Erich, Grundlagen der Betriebswirtschaftslehre, Bd. II: Der Absatz, 17. Aufl., Berlin et al. 1984

Gutenberg, Erich, Grundlagen der Betriebswirtschaftslehre, Bd. III: Die Finanzen, 8. Aufl., Berlin et al. 1980

Harbrücker, Ulrich, Wertewandel und Corporate Identity, Wiesbaden 1992

Hartmann, Horst, Materialwirtschaft, 8. Aufl., Gernsbach 2002

Hentze, Joachim, Personalbeschaffung, in: Gaugler, Eduard; Weber, Wolfgang (Hrsg.): Handwörterbuch des Personalwesens, 2. Aufl., Stuttgart 1992, Sp. 1894 – 1910

Hentze, Joachim; Brose, Peter, Unternehmungsplanung, Bern, Stuttgart 1985

Hufnagel, Wolfgang; Holdt, Wolfram, Einführung in die Buchführung und Bilanzierung, 3. Aufl., Berlin 2006

Jebens, Carsten, IAS kompakt, Stuttgart 2003

Jehle, Egon; Müller, Klaus; Michael, Horst, Produktionswirtschaft, 5. Aufl., Heidelberg 1999

Keith, Robert J., The Marketing Revolution, in Journal of Marketing 1/1960, S. 35 – 38

Kluck, Dieter, Materialwirtschaft und Logistik, 3. Aufl., Stuttgart 2008

Kühlmann, Knut; Käßer-Pawelka, Günter; Wengert, Holger; Kurtenbach, Wolfgang W., Marketing für Finanzdienstleistungen, 5. Aufl., Frankfurt/Main 2002

Lojewski, Ute von; Thalenhorst, Jobst, Kostenrechnung, Stuttgart 2001

Manz, Klaus; Dahmen, Andreas, Kostenrechnung, 3. Aufl., München 2001

Meffert, Heribert; Burmann, Christoph; Kirchgeorg, Manfred, Marketing: Grundlagen marktorientierter Unternehmensführung, 10. Aufl., Wiesbaden 2007

Mellerowicz, Konrad, Kosten und Kostenrechnung, Bd. 1, 4. Aufl., Berlin 1963

Melzer-Ridinger, Ruth, Beschaffung und Supply Chain Management, München 2007

Melzer-Ridinger, Ruth, Materialwirtschaft, 2. Aufl., München, Wien 1991

Nicklisch, Heinrich, Die Betriebswirtschaft, 7. Aufl., Stuttgart 1932

Nieschlag, Robert; Dichtl, Erwin; Hörschgen, Hans, Marketing, 19. Aufl., Berlin 2002

Olfert, Klaus, Investition, 10. Aufl., Ludwigshafen 2006

Olfert, Klaus, Personalwirtschaft, 12. Aufl., Ludwigshafen 2004

Olfert, Klaus; Ditges, Johannes; Langenbeck, Jochen, Bilanzen, 9. Aufl., Ludwigshafen 2000

Olfert, Klaus; Rahn, Horst-Joachim, Einführung in die Betriebswirtschaftslehre, 8. Aufl., Ludwigshafen 2005

Olfert, Klaus; Rahn, Horst-Joachim, Lexikon der Betriebswirtschaftslehre, 5. Aufl., Ludwigshafen 2004

Olfert, Klaus; Reichel, Christopher, Finanzierung, 13. Aufl., Ludwigshafen 2005

Olfert, Klaus, Organisation, 14. Aufl., Ludwigshafen 2006

Ordelheide, Dieter, Externes Rechnungswesen, in: Bitz, Michael et al. (Hrsg.): Vahlens Kompendium der Betriebswirtschaftslehre, Bd. 1, 4. Aufl., München 1998, S. 475 – 586

Perridon, Louis; Steiner, Manfred, Finanzwirtschaft der Unternehmung, 14. Aufl., München 2006

Pfohl, Hans-Christian; Stölzle, Wolfgang, Planung und Kontrolle: Konzeption, Gestaltung, Implementierung, 2. Aufl., München 1997

Piontek, Jochem, Produktion, Stuttgart 2002

Raffée, Hans, Grundprobleme der Betriebswirtschaftslehre, 9. Aufl., Göttingen 1974

Raffée, Hans, Marketing und Umwelt, Stuttgart 1979

Riebel, Paul, Einzelkosten- und Deckungsbeitragsrechnung, 7. Aufl., Wiesbaden 1994

Rieper, Bernd; Witte, Thomas, Grundwissen Produktion, 5. Aufl., Frankfurt/Main et al. 2005

Rieger, Wilhelm, Einfuehrung in die Privatwirtschaftslehre, Nürnberg 1928

Schanz, Günther, Personalwirtschaftslehre, 3. Aufl., München 2000

Schierenbeck, Henner, Grundzüge der Betriebswirtschaftslehre, 16. Aufl., München, Wien 2002

Schmalenbach, Eugen, Dynamische Bilanz, 4. Aufl., Leipzig 1926

Schmalenbach, Eugen, Kostenrechnung und Preispolitik, Köln, Opladen 1963

Schneck, Ottmar, Betriebswirtschaftslehre, 2. Aufl., Frankfurt/Main, 1999

Schneck, Ottmar, Finanzierung, 2. Aufl., Frankfurt/Main 2003

Schneck, Ottmar, Lexikon der Betriebswirtschaftslehre, 7. Aufl., München 2007

Sprink, Joachim, Finanzierung, Stuttgart, Berlin, Köln 2000

Steiner, Manfred, Konstituierende Entscheidungen, in: Vahlens Kompendium der Betriebswirtschaftlslehre, Bd. 1, 4. Aufl., München 1998, S. 57 – 105

Taylor, Frederick Winslow; Roesler, Rudolf, Die Grundsätze wissenschaftlicher Betriebsführung, dt. autoris. Ausg. von „The principles of scientific management", München 1913

Tempelmeier, Horst, Beschaffung und Logistik, in: Bitz, Michael et al. (Hrsg.): Vahlens Kompendium der Betriebswirtschaftslehre, Bd. 1, 4. Aufl., München 1998, S. 235 – 274

ter Horst, Klaus, Investition, Stuttgart, Berlin, Köln 2001

Vossebein, Ulrich, Materialwirtschaft und Produktionstheorie, 2. Aufl., Wiesbaden 2001

Walz, Hartmut; Gramlich, Dieter, Investitions- und Finanzplanung, 6. Aufl., Heidelberg 2004

Wagner, Karl; Bartscher, Thomas; Nowak, Ulrich, Praktische Personalwirtschaft, Wiesbaden 2002

Wannenwetsch, Helmut, Integrierte Materialwirtschaft und Logistik, 3. Aufl., Berlin et al. 2006

Weber, Wolfgang; Kabst, Rüdiger, Einführung in die Betriebswirtschaftslehre, 6. Aufl., Wiesbaden 2006

Weis, Hans Christian, Marketing, 14. Aufl., Ludwigshafen 2007

Wild, Jürgen, Grundlagen der Unternehmungsplanung, 4. Aufl., Opladen 1982

Williamson, Oliver E., Die ökonomischen Institutionen des Kapitalismus, Tübingen 1990

Witt, Frank-Jürgen, Externe Rechnungslegung, Stuttgart et al. 2000

Witte, Eberhard, Ablauforganisation, in: Handwörterbuch der Organisation, Stuttgart 1973, Sp. 20 - 30

Wöhe, Günter; Döring, Ulrich, Einführung in die Allgemeine Betriebswirtschaftslehre, 21. Aufl., München 2002

Wöltje, Jörg, IAS/IFRS, Planegg 2004

Zahn, Erich, Informationstechnologie und Informationsmanagement, in: Bea, Franz Xaver; Friedl, Birgit; Schweitzer, Marcell, Allgemeine Betriebswirtschaftslehre, Bd. 2, 9. Aufl., Stuttgart 2005, S. 394 – 449

**Einführung in das Rechnungswesen**
Autorin: Wirtschaftsprüferin/StB'in Birgit U. Ligl
Eine kompakte Darstellung
für den schnellen Einstieg
ISBN 978-3-86724-163-2
6,60 €

**Standardfälle Handels- & Gesellschaftsrecht**

Zur gezielten Vorbereitung auf die
ersten Klausuren im Handels- & GesR
ISBN 978-3-86724-122-9
6,60 €

**Einführung in das Bürgerliche Recht**
Mit Beispielen und Schemata
für den leichten Einstieg
ISBN 978-3-86724-020-8
6,60 €

**Standardfälle Zivilrecht**
Zur gezielten Vorbereitung auf die
ersten Klausuren im BGB

ISBN 978-3-86724-000-0
6,60 €